天下女人都会卡的关

梦洗 著

she hesitated before

時代文藝出版社

图书在版编目（CIP）数据

天下女人都会卡的关 / 梦洗著. -- 长春：时代文艺出版社, 2015.12

ISBN 978-7-5387-4866-6

Ⅰ. ①天… Ⅱ. ①梦… Ⅲ. ①女性－修养－通俗读物 Ⅳ. ①B825-49

中国版本图书馆CIP数据核字（2015）第170513号

出品人　陈　琛　杨海峰
产品总监　郭力家
选题策划　吴　迪　方　伟
责任编辑　姜程程
装帧设计　孙　利
排版制作　李玉龙

天下女人都会卡的关

梦洗 著

出版发行 / 时代文艺出版社
地址 / 长春市泰来街1825号　时代文艺出版社　邮编 / 130011
总编办 / 0431-86012927　发行部 / 0431-86012957　北京开发部 / 010-63108163
网址 / www.shidaicn.com　印刷 / 北京市通州兴龙印刷厂
开本 / 880mm × 1230mm　1 / 32　字数 / 163千字　印张 / 8
版次 / 2015年12月第1版　印次 / 2015年12月第1次印刷　定价 / 35.00元

图书如有印装错误　请寄回印厂调换

◎ 在爱情中，最大的谬误就是，误以为只有那个人能让我幸福。

目录

PART 1 砍掉偏见执念

PART 3 砍掉刻板迷思

PART 1
砍掉偏见执念

卡关1 最棒的爱情就是初恋定终身，所以不管感情多糟都不能放弃？

梦洗说：“你错了，初恋只是过程，失败也是一种经历。”

这篇的标题蛮耸动视听的。确实我在下笔之前，几度想说是不是应该表达得含蓄一点儿？但是最后还是决定这样用，因为，我真的是这么认为的。

我身边当然有朋友是跟初恋情人结婚，还生了好几个小孩儿的，但是我个人认为，初恋修成正果在二十年以前或许是常态，但是现代人选择多机会多，也变得比较挑剔，所以这种观念确实越来越过时了。

过时的观念不代表道德上不正确，因为道德本来也有因人而异的部分，好比说有的男人坚持非处女不娶。你不能说这种坚持不对，顶多说这个想法比较传统，而且初恋就要定终身，我个人觉得其实是很不现实的。

但是抱持“初恋终身论”的人，通常有这种认为“这样投资回报率才高”。可人不是物品啊，虽然经验老到的投资客（例如我，哈哈），的确拥有跟一个男人约会几次大概就可以看出其人格特质的功力，但这种功力并非是从失败中练就的！比如，你要“人生第一次买股票就大赚”，除了碰运气以外，我还真不知道能靠什么？就算是通过相亲有长辈帮你筛选，但是长辈并没有跟那个人谈过恋爱，介绍人也只能从条件方面去判断，他们不可能连他在两性关系中会如何对待伴侣都知道得一清二楚，否则就不会有相亲结婚却又后悔的案例。何况会翻开这本书的你，显然是感情上有问题和盲点，如果你初恋就幸福美满，你看我的书干吗啊？所以当作打预防针倒是不错啦！

会来找我咨询的客户，感情出问题的居多，而且，现在没有问题不代表以后没有问题。相反，现在状况很糟，也不代表以后会一直糟下去。

先声明，本篇指的是第一次结婚就是跟初恋对象，后面有没有婚变和外遇，这些都先不讨论。总之，先把结婚当作是修成正果。至于正确的初恋定义，我觉得至少要进展到接吻才算“相恋”，牵牵小手纯纯的爱很难定义，有时候只算作暗恋、暧昧或者两小无猜，反正我觉得没有进攻到本垒，很可能都不算得分。

我自己归纳身边“初恋修成正果”的案例，多半必须满足以下条件（条件符合越多，成功概率越大）：

1. 双方都是彼此的初恋。

2. 一方是初恋，但是另一方经验丰富，玩累了想定下来。

3. 一方是初恋，但是另一方只有一两段经验，心态还是很单纯。

4. 双方按所谓西方星座的说法推论，固定宫或是土象性质明显，不愿意改变，不喜欢变动（注：固定宫为金牛、狮子、天蝎、水瓶；

土象为金牛、处女、摩羯）。

5. 双方原家庭教育保守，因此对爱情看法也相对传统。

6. 双方工作环境相对封闭，结识未婚异性机会与诱惑吸引也相对较少。

7. 双方对爱情的看法都很单纯，而且容易满足，因此不容易见异思迁。

8. 双方有长期和共同的目标（例如，买房、事业合伙、养儿育女），能加深羁绊。

9. 双方背景门当户对差异不大，外界阻力较小，亲友团会帮助维系。

从以上这些条件的反面去观察，可以得出，经常影响感情难以维系的变量有以下几种可能，一方想要改变、想要尝鲜，或是一方有家庭环境经济压力，或是一方交往太久感情升华成亲人，或是一方觉得另一个人一直都没有成长和进步……所以，想要在漫长的人生里，确切地排除所有变量，两个人携手到老，虽然不能说不可能，但绝对是不容易。

我不是在唱衰初恋，也不是说因为这样，初恋随便谈谈就好，只是认为初恋跟人生的第一份工作一样，只是一段旅程的起点，只是一种尝试和开始，当然，如果你能找到最佳的旅程，不想再看其他风景，开始即是结束固然好，可如果你的旅途不是那么愉快，却一定要停在第一站，不会觉得可惜吗？

不愿意接受初恋失败的人，除了对爱情的看法不成熟之外，多半也具有安于现状不愿意改变的个性，但是人生的设定就是不要你安于现状，这是每个灵魂都逃不掉的宿命，但是一成不变你能学到什么？就算再不愿意改变，一旦面临命定的功课，谁都逃不掉，就算逃避，也只是像延期毕业一样，把习题拖到下辈子。

大家都知道井底之蛙的故事吧？当你以为世界就是从井底看出去的那个圆周，或许也能在自己的世界中过得知足常乐，但是别忘了，这不是完整的世界，真正的可能性永远比你以为的更多！

有太多女人，手上抓个男人就变成瞎子，就算男人的条件不好、上进心不够、个性很差、人品有缺陷，甚至根本不爱这个女人，但是女人都会觉得“好歹我手边有个男人”而不肯放手。当然，这样既瞎又傻的男人也很多，但是或许男人不善于表达感情，就算遭遇类似情况，也不知道应该和谁诉说，一天又一天，也就这么拖下去。

初恋受限于经验，更是有如瞎子摸象，很多不愿意放弃初恋感情的人，应该去思考一件事，那就是你没有去比较看看，怎么能确定这个人就是最适合你的？

不要跟我讲“老师，但是我就是知道，他是我要的人”。会这么讲的人，其实都不知道自己要什么，只是单纯不想放手。

当然，要是跟我那些朋友一样，初恋就情投意合缘定终身，很好，我也很希望大家的爱情路都能一次搞定。但是，要是现实摆明其中一方不愿意安于现状，他需要更多尝试，他渴望更多变化及可能性时，我们唯一能做的就是让他走。给他自由的同时，也是给我们自己更多的选择啊！但是为何很多人就是想不通？我从来不认为这个世界上“只有唯一的某人”能跟我匹配，反之，随着我把自己经营得越来越好，我反而觉得只有一个男人能拥有我，还真有点儿浪费！即便如此，那个人必定要让我觉得够值得，我才愿意为他定下来。

而且，让自己好到不缺机会，进而使你的男人比较有危机意识，也是各类两性书籍都会强调的重点，但是无论你客观条件有多好，有名模身材、家财万贯、事业长虹，但是“我的世界只有你”“我只为了你而活”“没有你，我就没有人生目标”这样的话都会让人倒尽胃口。哪个正常人会想跟吸血鬼在一起（除了《暮光之城》的贝拉以外）？无论是男是女，把另一半当作生命重心，都会为自己带来巨大的压力。这种个性，我经常说是“黑洞／藤蔓型人格”，因为在相处期间，另一方感受到的压力就是必须为这个人所有情绪和选择负责。他／她会说：“我心情不好，都是你害的”“我会辞掉工作，都是为了你”“我怀孕，也是为了留住你”……好可怕，太恐怖了，跟这样的对象在一起，爱情绝对会慢慢消失。到最后，或许剩下歉疚跟习惯，但已经不是一段平等互惠的健全关系。

说起我的初恋，其实我的初恋男友是我历任里最花心的，但是我那个时候根本没有想那么多，只凭喜欢就在一起，一方面是我不认为自己只会谈一场恋爱（那样多无趣），所以也没有仔细观察人品，或是考虑是否会修成正果。对我来说，挑选初恋对象的考虑是“好吃不黏牙”，这个男人要是相处愉快就撑久一点儿，要是到后来交往不下去，我也不希望他会是个危险情人，何况初恋男友个性幽默风趣有才华，很懂得甜言蜜语讨女人欢心，实在是绝佳的“练功”对手。虽然我后来高估自己，人类毕竟是感情动物，交往一年多以后，我还是不小心投入了真感情。随着他回到国外继续学业，我也知道了他在国外娶妻生子，此后就断了联络。但是他毕竟只是我感情之路的第一站，他负责教育我的职责已经功德圆满。

所以，我虽然难过，但是很快就放下了。其实我心里很清楚，他是一个迟早要离开的对象，只是时间早晚而已，因此交往大约两年的过程中，我后期又慢慢地把心收回来，那种感觉很像是老兵数馒头，心里其实清楚自己快要退伍了。

因为你们不是我，不见得我的方法适合每一个人，但是我觉得初恋的得失心真的不要太重，爱情其实是通过另一个人来认识自己，许多在朋友和家人面前不太明显的性格行为，在恋爱时都会被放大，会让我们讶异“原来我也会这样”。再冷静的人也会方寸大乱，再坚强的人也会出现空隙，爱情就是让我们有机会去看到自己的每一面，同时也借由这份了解去推己及人，实践“爱自己才有能力去爱别人”的王道。

除非你选择的对象真的是灵魂伴侣，双方随着时光流逝，都能不断地调适和转换角色，能够支持对方的成长，能够真诚地面对问题并且共同解决，不然要是这段关系已如一潭死水，与其让它腐败发臭，还不如早点离开，至少还有美丽回忆。

别以为灵魂伴侣好找，也别以为既然是灵魂伴侣就不需要努力经营，你要是还搞不清楚自己的灵魂长得怎样，只觉得心动就是一切、热情就是宿命，就是错把迷恋当作真感情，这种基础能让关系维系个几十年，才是天方夜谭咧！

多纯真的爱也会被现实消磨殆尽，反而是能够建立深刻友谊，理解彼此想法跟目标的伴侣，即使做不成情侣或是夫妻，也可以退回去做朋友，能够做朋友的情侣，即使分手也不会怨恨，因为既然是朋友，就是要尊重对方的选择，不是吗？

两个人都要个性稳定、有未来目标共识、周遭诱惑不多、对爱情很容易满足现状，这样的“初恋”才有可能在开花结果之余，还成为携手相伴的白头眷侣。但是，要在第一次谈感情时，就有这样的成熟度，除非双方都是“转世投胎”数百次的老灵魂，在相遇之初就能看到结局，不然还真的是高难度。

我经常跟客户朋友说，谈恋爱就是累积经验值，你甚至可以想成是破关打游戏，但是再好玩的游戏也有破关的一天，何况你不就是为了破关才去打游戏的吗？

有累积到经验值，就可以去挑战下一款游戏，一个一个游戏玩下去，你慢慢会清楚明白，你比较喜欢益智类、动作类、射击类还是RPG 角色模拟。恋爱不过就是为了取得这些经验值跟数据，让你最后能够找到玩一辈子或是几十年都不会腻的游戏。

没有比较哪来的选择？不愿意放弃初恋，其实就是逃避或懒得选择，你只是碰到了，然后就觉得世界上只有这款游戏吧？但是真正的选择，应该是能够在各种游戏中，因为知道自己的喜好，知道每款游戏的特色，进而归纳整理以后，选出在各方面最适合自己的那个，但是你如果不先玩过其中几款，哪来的资料帮助分析和判断？你不投身进去，光是看说明书，也不会知道这款游戏到底好不好玩。

世界如此多彩，有形形色色的人与事物，等待你去认识和了解。好习惯例如早睡早起，值得维持一生，但是把初恋坚持到底，实在不是个好习惯，只会阻碍你认识自己，也浪费生而为人在世间体验的各种机会。

最后提醒大家，要是你正处在一段甜蜜的初恋中，我绝对不是要你因此就跟对方分手，现在幸福很好，能够维系下去更好，但是若到了无以为继的那一天，就来看看这篇文章吧！

卡关2 算过好多次命，都说我没有偏财运，命中无婚姻，会做小三，我应该认命吗？

梦洗说：“你错了，个性造就命运，修正心态及信念，命运当然可以改变。”

先天的命运，到底能不能改变，努力有用吗？

我自己作为一个心理咨询工作者，最常被客户（我喜欢把个案称为客户，觉得比较有亲切感）问到的，就是所谓本命盘，即先天因素有没有办法改变。

其实，以我从事这行的经验和认识认为，所谓的“命”，即出身没有办法改变，但是“运”可以后天微调。当然，微调的幅度有限，能够调整到怎样的程度，跟个人的后天努力有关。

努力当然有用，出身贫寒，经过打拼，可以异常富有；目不识丁，刻苦学习，能够成为作家、学者；就是恐龙妹若是减肥化妆打扮，异性缘也必定会变好，这个世界就是这么样。我经常跟大家说，努力不见得能改变所有事情，但是不努力，你肯定什么都无法改变。

努力，可以让你发掘自己的可能性。

努力，可以从绝望中开出希望之花。

努力，可以使顽石点头清水变甘露。

在“命”的部分，即先天因素，包括你出生在哪个国家，父母是谁，自己是白人黑人黄种人，是男人或女人，这个部分几乎无法改变。

但是“运”的部分，就是根据每个人的个性及条件的不同，替自己开创各种可能性来加以改变。例如，虽然出生在小地方，但是可以移居到大城市；虽然父母穷困，你却不见得要照着父母的道路走下去；不管是白人黑人，还是黄种人，你虽然无法改变肤色和人种（好啦，我最爱的迈克尔·杰克逊是例外，但是他是患病，不是故意变白），却可以在自己能做到的范围里更美更健康更年轻；而现在人们对于性别转换也越来越能接受。

这个部分的“运”，就是后天可以去改变和调整的部分。

不过，人们的意志力也有限度，所以不必为改变命运而过度努力，只要让自己每天都进步一点儿，这样就够了。

博客上，曾经有网友这样问我：

人人有奖的年会，连抽到的最小奖品都是PS3，可我却抽都没有机会，没有偏财运。这两天还拜了土地公，结果也无效（当然，很多人已经求了一年吧！）。于是我想，命运真的不可改变吗？没有偏财就是没有偏财，爱情不好就是不好，再努力也没有用吗？虽然大家都说努力就会有效果，但是似乎并非如此。

梦洗回复：

其实老天爷是公平的，没有偏财的人有正财，桃花弱的人事业旺，或是跟父母感情不好，可能朋友就很多。人生很多领域，也是有一好没两好，要样样具备是不太可能，但是我们可以庆幸自己拥有的部分，没有的可以努力去争取，或是甘于自己没有这个福分，知足常乐啊！

我经常在想，我真的很幸福，自己开个博客高谈阔论，却意外有许多朋友喜欢我的文章，并且觉得受用，甚至还会有许多朋友感谢我的分享，真是何德何能？

能够在我还没有对爱情绝望的时候遇到美国人，也很幸运，虽然不知道以后会怎样，但是至少证明我值得男人的认真与关爱，这也够了。

对人生要有耐心及信念，大约十年以前，我还因为失恋得抑郁症差点儿寻短，可是我现在很幸福。从物质方面来看，我现在的收入虽不稳定，也无法依靠老公及家人照顾我（虽然我也没有这么妄想过），但是心里却很满足。我想，这份快乐是因为我找到自己的方向，也很清楚每个选择可能的后果，所以活得心安理得。一念之差，人生可能是天堂里的地狱，或是地狱里的天堂。

不要总是看到别人的运气，有时候要想想，塞翁失马，焉知非福？所以，当我们得不到好东西时，是因为我们不是那个容器，无法去承接。**在世间学习，就是要让自己成为够大的容器，才能承接够大的福分。**

努力当然有效果，但前提是你要愿意努力，相信努力，还有给努力足够的时间。我的所谓命盘中没有婚姻，爱情运也是糟到爆炸，可是我有放弃努力吗？我没有，所以美国人出现啦，先不说我跟他会不会白头偕老，但是以我自己的所谓先天命盘，根本就是孤独之命，但是我难道要认命，干脆遁入空门吗？

人的一生，许多事情可以自己去努力改变，只要有决心、毅力、信念，许多事情！

不要那么消极啦！垂头丧气也是一天，昂首阔步也是一天。

之后又有读者问我，所谓的鳏、寡、孤、独和第三者的命，是不是注定这样就没有救？

老师，我前几天找一个所谓命理师父帮我算姻缘，谈到我的婚姻时，那个老师说我要七年以后才有正缘出现，在这之前都没有好感情，而且即使结婚以后，也会和丈夫感情淡薄，做假面夫妻，在婚姻中得不到幸福，甚至还有可能做别人的第三者。

最后，那个老师还说我天生有佛缘，不妨考虑以后皈依佛门。

听到这些，我真的好难过，完全无法接受，可是忍不住会想，难道这就是我的命运吗？

梦洗回复：

这又是一个自以为是、命理害人的案例，我自己也被某几位老师说过不适合结婚，理由是我太独立，而且个性像男人，事业心又重，但是关键其实在于，这些老师定义的“理想婚姻”是什么？如果这些所谓的老师都觉得，幸福婚姻就是应该男主外女主内，就是应该黄脸婆伺候大老爷，就是应该做男人背后的阴影，光环永远不应该在自己身上，没有错，我的确不适合这样的婚姻！

现在都什么年代啦？有时候，我真的觉得，中国人某些观念思想还是很落后，而且这些过时价值观还不见得是男人拿来说嘴，很多是女人拿来限制女人！女人打压女人，有时候比男人更可怕！至于某些老派男人，当然不希望哪天女人真的不死心眼儿、不牺牲奉献，这样他们会没有人伺候的！

很多被社会上那些所谓大师们算过“命”的客户，都会万念俱灰地来找我，希望从我这里得到不同的答案。我认为，“事出必有因、无风不起浪”，一个人之所以会显现出感情坎坷或婚姻不幸的征兆，通常都跟“家庭背景、成长环境、心理因素”有关，也就是心理层面的成因大于后天命运的注定，所以佛说“万法唯心造”，真是很有道理！

先分析容易成为第三者的女性，以我观察其性格特质，大约可以区分成三种，有时候也会三种个性交替混合出现。

第一种小三是属于缺乏自信，成因通常是原生家庭教育导致自我价值感低，认为自己根本不值得拥有完整的关系及男人全部的爱，不认为自己会幸福，所以不自觉地就会跟有伴侣的男人在一起，甚至跟单身男人正常交往时，也觉得对方一定会出轨背叛，这样给自己潜意识下暗示，能获得正常的感情才奇怪。

吸引力法则的真相是：宇宙永远在证明你是对的！

你把自己想得不堪，招惹来的当然就会是不堪的感情！

第二种小三，觉得“横刀夺爱才是真爱”“别人盘里的菜，总是比较可口”。这种小三需要从胜负输赢中获得成就感及肯定，在其他层面，这种小三也可能总是“人生胜利组”，头脑聪明，成绩优秀，觉得凭自己的能力哪有得不到的东西？所以，越是得不到，她反而越想要！

从家庭背景和成长环境来推测，会这样做的女性，或许从小生活在父母的高度压力期许中，不是经常把她与兄姐比较，就是不准她输给别人，以致造成性格及价值观扭曲，会有一种“没有通过竞争得到的东西没有价值”的错误观念！

第三种小三，是最不想负责任的人，她们只是在收集男人，觉得新鲜好玩，或是利益驱动，能拿多少好处算多少（酒店妹类型）。因为没有付出太多真情，所以等她们腻了，或是捞不到好处，就会把男人甩掉。这种小三通常很会游戏人间，她们无视社会规范，也不想对感情负责，更不愿意被婚姻绑住，但是也因为如此，经常是男人最舍不得的小三，因为她们深谙男人心，可以做到好吃又不黏牙。通常被原配发现以后，这种小三可以潇洒地说走就走，反而是男人会舍不得。

由此可见，难道不是性格决定命运吗？性格真的会决定你的命运！因此，改变性格，从心理层面去抽丝剥茧，理解你会选择这种爱情模式的动机，才能真正解决问题的根本，也就是“去除潜意识的错误信念”，才能真正地改变命运！

因此，你的问题如果到我的手里，我会先从性格去看，你的个性方面是哪个部分会造成婚姻不幸。有可能因为你是属于理想太高容易幻灭的性格，所以比较会给伴侣带来压力，自己也会经常因为不完美而感到不开心，以致最后貌合神离，婚姻破裂，又因为对感情彻底失望而遁入空门。

那么你难道不觉得，修正我们对于婚姻的期望，放宽我们对于伴侣的要求，让自己得失心不要太重，多看选择的正面意义，婚姻就会好很多吗？

小三也是一样，知道自己属于哪种类型小三，就可以通过修正性格偏差，避免成为第三者的命运。

所以，我绝对不认为，后天的命运都是已经注定的。但是，一个人如果不去作新的选择，就像是井底之蛙，认为这就是自己人生的极限，旁人即使跟你说再多，也不会有用，因为你的心念把自己困住，限制自己的发展与可能。这样的人通常就是所谓大师算了会准的人，因为你放弃改变，也不愿意成长，被悲惨的命运困住，只能说是咎由自取。

如果你知道自己要什么，也清楚自己的选择，单身会很好，结婚也会很好，遁入空门也会很好！

没有人可以帮你决定，什么人生对你来说才是幸福，每个人都要自己思考，自己找出答案！心理咨询师只能帮你找出方向，但是后面的路，还是要你自己去走！所有的喜怒哀乐，只有你自己能够背负！

卡关 3　很多人追我，但是我认为要宁缺毋滥，不想降低标准，才会长期单身。

梦洗说："你错了，过度追求条件是纸上谈兵，不通过实战来累积经验，更容易幻灭。"

我遇过许多客户长期单身空窗，她们的理由有很多，通常听到的理由是：没有机会认识好对象，或是有认识新对象，但是自己觉得不来电，不然就是有喜欢的对象，可他对自己没有感觉。

当然，也有心中已经有"完美模型"，若是对方不符合就不想交往以免浪费时间的，以下朋友可以算是这类。

网友留言：

老师，我很喜欢你说的"要尽情地享受真命天子出现以前的单身生活，因为等他出现以后，任何事情就必须考虑两个人"。是啊，我现在可以一个人到处旅游，圣诞节去土耳其，过年去布拉格，很开心。

接下来是实习还是工作，我也可以按照自己的意愿。我是一个事业心很强的女孩儿，可以不考虑城市因素，哪里有机会就往哪里去，无论是德国还是瑞士，或是回去发展，都相当自由，只要我喜欢那里的环境及工作条件就可以。

这次新年聚会中，我认识一个帅哥，外形完全是我的菜，他也很喜欢我，邀约我几次，但是我这段时间太忙，只好拒绝他，我好像没有时间谈恋爱。

这个帅哥，不仅外形是我的菜，个性也很好，懂得生活情趣，又喜欢运动，家庭背景也不错，但是我比较不满意的是，他不是很有事业心，有种随遇而安的感觉。

这也是我犹豫要不要和他交往的原因，我对男人的长相要求不高，不要吓人，顺眼即可，长得帅当然更好，但不是必要条件，我觉得有事业心非常重要。

我现在不知道应该怎么决定，因为实习机会如果顺利，几个月以后，我可能要去其他城市，不知道要不要和他发展下去？

梦洗回复：

这点儿小事，自己决定。

很多客户会问我：

“老师，我要不要和他分手？”

“老师，我要不要和他结婚？”

“老师，我要不要和他交往？”

“老师，我要不要和他上床？”

“老师，我要不要拿掉小孩儿？”

我听过最无奈的问题是：

“老师，你觉得我会不会爱他？”

妈呀，最好我知道啦……

自己的人生由自己决定。我的行事风格是：**只要后果还在承担范围之内，如果不做又会后悔，我就会做。**与其不做而后悔，我宁愿做了再后悔，但是通常做了，我就不会后悔。

我要是看到帅哥，他喜欢我，我不讨厌他，刚好我又单身，我就会勇往直前，因为就算分手，我也没有损失，反正已经享受过。

还有，天下没有完美的男人，有一好没两好，有帅气温柔体贴顾家，可能就欠缺霸气野心冲锋陷阵，你要两种条件都具备的男人，建议你嫁两次，或是家里一个外面一个，因为有些人格特质就是两个极端，不会同时存在于一个人身上，除非那个老兄人格分裂，有神经官能症。

不要再做梦，你要的那种完美男人不存在，或许你现在觉得，就是要一个事业型男人，我赌你去访问那些企业家夫人，她们若是愿意讲实话，就会告诉你，为了嫁给总裁，她已经放弃什么，而且她放弃的那些，绝对是你听到以后会说：“啊？要放弃这些哦！还是不要嫁给总裁好了。有没有其他总裁，我不用放弃这些也可以嫁给他？”

我已经找了十几年都没有找到，最好你不用花这么久的时间才发现：“哦，原来地球上没有我要的：爱我而且事业做很大、不花心还温柔体贴、顾家又懂生活、见识广朋友多、家庭背景好公婆疼我、性能力强运动神经好、很黏我会关心我的男人。”

以上条件只可能同时出现在男人追求期及热恋期营造出来的幻觉，但是这都是幻觉，等到关系稳定就会渐渐消失，你以为他改变了，但其实他是打回原形而已。

你觉得事业心强很重要，你有没有想过：这个男人的事业是靠什么来成就的？总不可能是靠谈情说爱吧？他又不是女人。历史上有许多女人靠谈情说爱来成就事业，但是男人天生不擅长这个，不能说没有靠恋爱拼事业的男人，但终究是少数。

很多条件本身就是互相矛盾的，因为每个人一天只有二十四小时，很公平，时间花在哪里，成就也会在哪里，不可能有各方面都完美无缺的人，等日子一久，总是会露出真面目。

你看到回复可能会说：“老师，你误会我，我的要求不高，只是男人本来就应该事业心强，加上我本身条件也不错，希望他不要落差太大，他应该做到的男友本分，也是本来就应该做的吧？”

听起来真的非常合理啊！

但是很多条件，你没有足够经验去支撑判断的时候，很容易被表象所蒙蔽。这是为何我的态度一直是劝女孩儿们，要累积跟男人相处的经验。

不然，你可能听他说，他的事业做很大，但其实只是空壳，他负债累累。

也可能觉得他是富家公子，但是嫁过去以后才发现，财务大权都在长辈手里。

或是他畅谈未来事业发展，说他身家多少，但其实是要你拿钱投资。

很多“看起来”条件很好、事业心很强的男人，其实都相当可疑。你喜欢有事业心的男人没有错，但是你怎么去判断他的事业可靠？他的人品值得信任？

坦白地说，遇到几个烂人以后，这个雷达才会开启，不然大多数女人都很好骗。

而且通常会说“自己要求不高”的，都是要求最高（就是以前的我，叹……）。

因为真正了解自己的人会说：“我的要求没有高低之分，只有适不适合，适合我的就是好条件。”

择偶真的是一件可以很简单，也可以搞得很复杂的事情。

卡关语录

◎ 初恋只是过程，失败也是一种过程。

◎ 爱情其实是通过另一个人来认识自己。

◎ 在世间学习，就是要让自己成为够大的容器，才能承接够大的福分。

◎ 你把自己想得不堪，招惹来的当然就会是不堪的感情。

◎ 如果你知道自己要什么，也清楚自己的选择，单身会很好，结婚也会很好，遁入空门也会很好！

◎ 只要后果还在承担范围之内，如果不做又会后悔，我就会做。

卡关 4　我觉得自己条件很好，但是没有桃花，男人都不识货吗？

梦洗说："你错了，吸引男人不只是靠条件，还要知道如何让男人心动。"

许多女人都想知道，应该如何引起男人兴趣以及促使男人主动，这当中却可能无意识地运用错误方法，反而把心仪对象越推越远，或是一头热地表态付出，让男方不懂得珍惜和尊敬。

本篇就要告诉你，无论你是希望增强异性缘，或是赢取心仪对象的目光，都有一套实际可行的模式，可以供你参考和实践。

要注意：成功没有快捷方式，心态正确，你要的结果才会出现。没有正确心态，就像在旱地插秧，事倍功半，徒劳无功。

但是心态也最难改变，举个例子：我自己就很难改掉想要"控制"的心态。很多时候，我一旦想要控制状况，就无法活在当下，但是几十年以来，我很习惯去依赖头脑和理性判断，要在一朝一夕之间放弃控制，谈何容易？只能说，知道自己有盲点，就要努力去意识到，并且改善它。

两性关系中的确不能随时控制，我虽然会教大家一些方法，但是方法要用得好，还是跟心态有关。有时候，我完全放牛吃草，无为而治，伴侣反而会给我惊喜！所以，我自己也在学习收放自如的艺术。

说到女追男隔层纱，其实奥妙在于“勾引的艺术”，男人喜欢若有似无，感觉很神秘，不要太轻易，不要太和盘托出，不要太掏心掏肺，不要太认真严肃。

或许某些女性主义者看到这里会觉得，干吗要这样讨好男人？现在不是两性平权的时代吗？为什么男人不必学习细心温柔体贴付出，学习不计较我们变老变丑，学习专情不见异思迁？

首先，这样不叫作“讨好”，叫作对症下药。吸引自己喜欢的对象就像找工作，你认为自己能力很强，然后妆也不化面试也不准备，穿个牛仔裤背心就去应征（除非是应征旅游频道主持人），只能说有慧眼识你这个英雌的老板，还真是千载难逢，而且跟你志趣相投，但是这种事情会每天发生吗？人生在世，做每件事情最好都抓最大公约数，这样胜算才高，因为奇迹要是到处都是，就不是奇迹了。

经营感情就像在公司任职，你要是不认真，浑水摸鱼，搞派系斗争，让老板和同事不好过，除非公司是你开的，否则被开除的概率是不是很高？就算别人留你一命，日后升迁加薪的机会可能也轮不到你。所以，经营感情跟认真工作相同，看起来是为了别人，其实是为了我们自己（反推回来，要是老板不发薪水，公司福利很差，你还甘愿做廉价劳工，就是你自己活该情愿）。

至于男人该不该学习两性关系相处之道，我要说，那是他们自己的事情，他要是感情到处碰壁，就会想要学习改进（或是怨天尤人），无论他怎么选择，都会有相应的代价产生，但是女人先顾好自己，才可以聪明地教育男人，这是根本的解决方法。

言归正传，先从行为模式讲起：

1. 找出适合自己的女人味穿搭。

大多数男人还是喜欢女人穿得有女人味，但是有女人味不代表要裸露，最好露上不露下，露下不露上。我自己穿着时，只会露一个地方，胸或是腿，如果你对美腿有自信，多穿热裤和短裙吧！对胸围有自信，不一定要露出事业线，只要穿突显腰身曲线的衣服，胸部就会看起来很雄伟。男人看女人胸部的目测功力，跟内衣专柜小姐一样犀利，虽然包得很紧，但是从线条中看得出“深藏不露”，会比硬挤出豪乳，让男人知道“我很大”更有品，也会让男人有更多遐想，而且有许多男人喜欢看“锁骨、脖子线条、美背、白皙手臂”，所以能够秀的不是只有胸及腿而已。

2. 训练自己习惯跟男人相处。

我自己二十出头时的爱情市场，只能用“乏人问津”来形容，后来跟几个前辈讨教以后，发现我的弱点在于太害羞，对男人有恐惧症（连坐公交车时，都会避免坐在男性旁边），跟男人讲话时，眼神总是闪躲，或是干脆低头。这都是致命伤，又不是在演《红楼梦》，没有人跟你来“欲语还休”那套啦！所以我悟出了，只是青春无敌外表好看没有用，要是你“不懂情趣又自闭”，男人还是会敬而远之。

后来，我先从外表上做改变，努力减肥学习化妆打扮，先让自己经历一段“紧身低胸”的时期，后来跟我搭讪或聊天的男人确实变多了。当然，我没有要跟他们怎么样，只是拿来“练胆识”，让自己习惯男人的眼光，并且培养自信，知道怎么跟男人自然地谈天，最后熟能生巧，我的天线跟雷达就练出来了。

3. 美好的笑容。

微笑是世界语言，笑容的确可以迅速拉近人与人的距离，但是没有要你整天跟花痴一样逢人就笑，而是刚好跟邻居、管理员、公交车司机、店员、同事有眼神交会时，希望你们都能不假思索地立刻报以微笑！让微笑成为一个反射动作，对你的人际关系绝对有加分作用，而且人跟人的缘分很难说，你不希望哪天你心仪的男性在打听你的时候，听到“她很难亲近，感觉不好相处”吧？我自己的长相，比较冷艳又是长脸，没有圆脸给别人的亲切感，要是整天板着脸，不是会把桃花都赶跑吗？因此，我让自己养成面带微笑及主动打招呼的习惯，就算刚开始觉得别扭。经常在家里对着镜子练习最美的笑容，你会对自己越来越有自信，也会越来越有魅力及亲和力！

4. 肢体语言。

跟男人交谈时，若对方已有对象，我会避免所有的肢体碰触，但若是他没有，而互相又有好感，他是我想吸引的单身男性，我就会故意“不小心”制造肢体碰触的机会，或是刻意制造相处的时间；一起坐地铁时，假装睡着，靠在他肩膀上，让他心里小鹿乱撞……诸如此类，暧昧技巧要训练到运用自如，而且非常自然，就能逐渐拉近你跟心仪男性的距离。

5. 做个好的倾听者。

要让男人对你产生好感及信任，不能都靠笑容及肢体语言。要让他动心，还有一个绝招：在交谈中认真专注，让他觉得自己是世界上唯一的男人。

我跟男人约会时，除非他真的很没有水平，否则无论会不会有以后，我都会尽力地扮演倾听者的角色，因为人们通常会对“对自己有兴趣”的人产生好感，大多数人更是喜欢讲自己的事情多过听别人讲，何况男人社会压力比较大，这个时候，如果你不是口若悬河，而是展现出“我对你很有兴趣，多跟我分享你的生活”的态度，他必定会对你印象深刻。当他分享具体事物时，你很有兴趣倾听（例如工作、求学、兴趣），他才会慢慢敞开心扉，分享抽象的感觉及心事。

你越对他持续保持兴趣及专注倾听，他就会越来越信任你，也会越说越多。

好的倾听者还必须注意“不批判”，你先听他分享，好奇的部分可以询问他以延续话题，但是不要批判。因为第一，不关你的事；第二，他如果需要意见会问你，你不必自顾自给出一堆建议，除非你是赞同或是鼓励他。不批判的态度，对方才会愿意越说越多，要是他说一句你批评一句，只会关闭分享之门。

6. 男人不爱做作女。

如果你希望自己是个亲切真诚的人，就这么去做，男人不喜欢做作的女人，表里如一的你，才会让他由衷欣赏。千万不要在他面前是良家妇女，背地里烟酒不忌，脏话嗑药样样来；或是在他面前温柔体贴，私底下暴躁任性。这样的做法，瞒得了一时，瞒不了一世，而且你会活得很痛苦。

对于各种人际关系，不要采取同样的温度应对。关系有亲疏远近，情人之间因为亲密，举止态度就会跟外人不同，我们对老板跟同事也不会一视同仁，因此“刻意做作”跟“举止得体”是两回事，请大家要分清楚界限，不要无限上纲做作的含意，也不要无限上纲做自己的分寸。

《鱼干女》这部日剧，很多朋友都看过吧？女主角小萤就是做自己的模板，有时候因为剧情安排，小萤也会做作一下儿，但是很快就发现不适合自己而打回原形。当然，部长爱的也是真实面貌的小萤，而且小萤的可爱就在于，她很清楚哪些适合自己，哪些不适合自己，不会为了男人而改变自己的本性，她直接让部长看到“我就是个懒惰邋遢随性没有情趣的鱼干女”。

其实，男人宁愿一开始就知道我们的本性（是本性不是丑态，要分清楚），因为这样他就能判断自己是否可以接受。太过完美的女人，反而会让男人有戒心，因为那是虚假的包装；男人不是笨蛋，野性本能往往会告诉男人，鲜艳的蘑菇有毒，美丽的玫瑰带刺，精致的礼盒打开以后，可能装的是垃圾。

所以，不是要你刚开始交往就邋遢给他看，又是挖鼻孔又是抠脚丫，但是你可以有时候素颜，有时候打扮休闲，不要总是盛装假睫毛放大片完美地出现，因为女神是供在神桌上膜拜的，但是大多数男人还是会倾向选择能够轻松相处的女人，何况有许多男人都觉得，女友带出去光鲜靓丽像名模可以炫耀，但是私底下自然朴素的一面，只有自己看得到，也是一种因为反差而导致的吸引力。

卡关5　我觉得有的女人就是天生很在乎爱情，跟我一样，没救了。

梦洗说：“你错了，我也曾经很在乎爱情，通过后天学习，我现在最在乎自己。”

在我过三十岁以后，就慢慢体会到，在爱情中不管多痛苦的事情，只要给自己时间，都可以抚平伤痛，都可以再站起来！

所以，无论有多么想不开，一定要撑过去，因为撑过去，你才有机会骂自己笨！

有些道理就算年轻时知道，但是“知道”跟“学到”跟“懂得”之间，只能靠时间去体会。

我不是个没血没泪的人，所以我只锻炼爱情的坚强，失去家人、朋友、龟宝，真的会让我心碎。

我有四个算是里程碑式的前男友，交往时间太短跟追求者，一概不列入计算。

第一任提醒我，他的爱情不是天长地久，只要曾经拥有。让我知道，甜言蜜语听听就好。

第二任提醒我，有的男人劈腿和偷吃，跟喝水撒尿一样，没有为什么，有的男人就是天性如此，遇到这种男人，换一个比较好。

第三任提醒我，看似专情又对你有强烈占有欲的男人，另一面可能是专制独裁的混世魔王。爱情诚可贵，自由价更高，而且我不想有一天死于非命。

第四任提醒我，看起来越是条件完美的男人越要小心，很可能他的背后有一堆你不知道的烂账，而且要是他没有时间陪你，百分之百有鬼。套一句博客中史丹利的名言：男人的时间就跟乳沟一样，只要挤，总是会有的。

这就是我的血泪经历，这几个还是“里程碑”，其他的点缀就不必提了。

为什么我总是遇到有问题的男人？我现在认为是“天将降大任于斯人也”，因为必须如此，我才能做现在的使命，才有这么多实战经验来教大家。

但是，我一点儿都不恨他们，对魔王是恐惧害怕而不是恨，而有一任到现在还是好朋友，虽然不到感激的地步，但是真的感谢他们，因为他们教会我许多东西，让我虽然年纪越来越大，反而越来越有自信及魅力，越来越清楚自己想要什么，越来越知道自己的原则跟底线，越来越爱自己跟喜欢自己，越来越觉得“前人种树，后人乘凉”，这些男人磨炼我，然后我老公接收的就是这么棒的我。

但是就像荣格说的：没有一种觉醒不带着痛苦。

这些领悟，除了等待时间去酝酿和催化以外，别无他法。

希望不要经历痛苦失望挫折就能学会，那更是不可能。

我有客户朋友是在同一个男人身上学习十几二十年，才学到我领悟的那些道理。

有的客户朋友，则是不断鬼打墙，同一个问题要经历许多个男人才能学会，然后面对下一个问题，可能又要经历许多个男人才会想通。

想要学会感情功课，到底要花多少时间，要经历多少感情才会想通？这没有标准答案，每个人造化不同领悟力不同，用心程度也不同。

以我自己来说，我认为这个跟跑程序很像，当你开始决定去爱，你就在学习。但是，当程序没有跑完的时候，你就会看不开和想不透。这一切都会在某个时间，“砰”的一下儿，突然之间你都懂了，不可思议。

在那个时间到来之前，这些所有对于爱的认知，都是在灌程序进去，甚至是“把种子播下去”的动作。在痛苦和迷惑中，你唯一能做的事情就是相信，相信自己能走出来，相信自己在学习也会学到，相信自己会有发芽及程序跑完的那天。

在此之前很抱歉，无能为力的部分，其实还是很多。

讲到这里，或许有的女孩儿会觉得太过玄奥而一头雾水。

但那是因为这些话确实需要时间去咀嚼，也需要空间去回顾自己的感情经历，才会有比较深切的感受。

人生是一条一通百通的路，很多人生的真理，你一旦学到了，就会发现这个真理可以套用在爱情、工作、事业、家庭等各个层面。

有几个原则，要是在年轻时，你能把它们放在心里，绝对会在关键时刻产生扭转乾坤的效果，所以我要把这些珍贵领悟分享给大家。

就算你们暂时无法想通，只要愿意尝试换个想法和行为，或是单纯相信自己会到达这个境界，就会有正面的帮助！

1. 现在无法改变，不代表永远无法改变。

在人生中，遇到任何逆境和低潮的时候，都要告诉自己：这是暂时的。

不会有永远停留在谷底的逆境，也不会有永远的星光灿烂和阳光明媚。

应用在爱情上，当我必须离开某段感情而感到痛苦难过时，若原因出在对方或是我身上，目前确实有难以解决的问题和无法突破的困境，我也无力改变及掌握，除了暂时放下以外，别无他法。

正确的人会在“正确的时间和地点出现”，所以没有“在错误的时间遇到正确的人”这种论调。正确的人，不会在错误的时间进入你的生命，真的。

所以，很多想挽回感情的朋友，与其绝望悲观或是过度乐观，还不如相信：只要改变，任何的机会和可能，都会随着改变而出现。

那个改变，可能发生在他身上，也可能发生在你身上。

但是，如果你不先放下，那个改变就不会出现。

2. 不在负面情绪的驱使下，作出任何决定。

这一点很重要，不然怎么一票痴男怨女，一天到晚上演分分合合的歹戏拖棚。

负面情绪的定义很简单，愤怒、不安、妒忌、恐惧、厌恶、痛苦、沮丧，任何会引发不愉快的感受都是负面情绪。在这些情绪的驱使下所说的话，所做的事，通常都没有好结果，而且请记住，当你头脑清楚和心情平静时，绝对会后悔！

我遇到负面情绪高涨，很想冲动做些事情，或是针对情绪源头发泄的时候，通常会先洗个澡，让自己稍微冷静，要是洗澡还无法平复，就直接睡觉。当然，有的人会气到睡不着，但是无论如何，还是躺着吧！

通常睡觉以后，我就会感觉比较好，如果睡觉起来还是很想做某些事情，并且冷静思考所有可能后果，确定自己可以承担那个后果，并且不会感到后悔时，我才放手去做！

3. 思考负面事件带来的正面意义。

这就是前面说的，任何觉醒都包含着痛苦，痛苦的代价是让你获得成长，并且更了解自己。所以，事情过去以后，要把负面情绪尽力消除，但是要把教训留下来，才不会白白痛苦。佛教说，众生修道的目的是为了“离苦得乐”。所谓的离苦，不是再也没有任何艰难险阻，而是那个苦存乎一心，当你不以为苦，苦就不再是苦，就会得乐。

当你可以去看任何事物的意义，而不把它们当作是错误或浪费，就会觉得再冤枉都值得，因为人生中有些领悟就是要绕远路，急不得。

4. 找到爱情之外的人生寄托。

每个人都会说“爱情不是人生的全部”。那么，什么是人生的全部呢？

我们自己就是人生，人生就是我们自己。人生的面向，本来就不会只有爱情，独一无二的你，就是人生的全部。在“你”之中，包含你的兴趣、你的喜好、你的家人、你的朋友、你的梦想、你的目标、你的爱情、你的恨、你的甜蜜与哀愁……

所以，找到爱情之外，让你有成就感的目标，非常重要。

以我来说，有看博客的朋友都知道，我有个可爱的龟儿子龟宝，龟宝就是我在爱情之外很重要的寄托，他让我在老公不能陪伴时，一点儿都不会感到孤单寂寞；他让我在想释放爱的能量时，有个立即的对象可以承接；他让我在想幼稚耍白痴的时候，可以尽情发傻。

更重要的是，人类总是可以放心地爱动物，因为那份爱无论付出或接收，都是如此纯粹，没有欺骗没有伤害没有虚假，所以人生目标还没有找到之前，养宠物会是很不错的培养耐心得到满足的方式，但是缺点大家也都知道，就是无论多宠爱，这些宝贝多数会比我们更早成为天使（所以我才养乌龟啊！）。

写文章跟做咨询已经成为我的人生使命，更贴切地说是志业，我把这件事情看得比爱情重要，因为爱情只能满足我跟他，但是我的文章及咨询，很可能让许多人的观念改变，进而得到幸福，不是比小情小爱更有意义吗?

我觉得有能力的人，本来就应该奉献能力用于社会和使多数人获得利益。当我每次想到自己的任务，就会觉得恋爱虽然重要，我也很享受其中，但是绝对不是我人生的全部。

5. 任何事情都有最佳时机，而时机成熟需要通过等待。

Randy Pausch 教授说:“只要等够久，别人总是会让你惊叹。”这意思其实也可以解读为:就算是江洋大盗，也有立地成佛的一天，但是首要条件是要有“足够的时间”。

他可能第一次是在不对的时间跟你相逢，因此你们后来错过，但是他或许会在对的时间再度回来，成为一个真正适合你的人，只是需要时间。

好的观念需要经验去催化，因为没有经验很难切身体会，如果这个经验无法由自己创造，同样需要时间去等待。

宇宙法则里，确实有“天时地利人和”这个逻辑，我帮客户或是自己看流年时，经常可以看到其中的运作及奥妙。

所以，把你的眼界放宽吧!

不要跟宇宙比较，只跟我们自己比较，现在所经历的事情，无论痛苦、欢喜，还是悲伤，在几十年以后，都将成为模糊不清的记忆，所以何必执着于现在?

想想当时牵肠挂肚的他，几十年以后，他的长相说不定已经失焦，我何必这么在意，这么放不开？

想想伤害过我的人，几十年以后，我不会介意这些创伤，因为我变得更成熟，也学会善待自己，现在何苦作茧自缚？

要遇到灵魂伴侣或是适合的人，更是需要时间。对我来说，没有年龄压力这种事情，只要我清楚知道怎样的人是对的人。我会一直等待，并且相信他正向我走来，只是他出现时，我可能会埋怨一下：

“老公，你让我等很久耶！你之前都跑去哪里啦？”

事实上，我的确靠着吸引力法则遇见现在的老公，他跟我当初设定的“宇宙订单”几乎一模一样，这是奇迹，但是也可以说在我的预料之中。

在适合我们的对象出现以前，我们能做的事情，就是爱自己，妥善照顾自己，让自己强大，才有取之不尽的爱可以付出！

最后分享一个故事，应该很多女孩儿曾经或是正在陷入这种关系中。

女孩儿爱上一个大自己十岁的男人，那个男人离过婚，个性却没有因此变得更成熟，还是愤世嫉俗，甚至不愿意在跟女孩儿发生关系以后，承认两个人是交往中的男女朋友。

但是很奇妙的，两个人也维持类似朋友的关系，男人对女孩儿有异乎寻常的依赖，无论什么事情，受到委屈，需要建议，甚至想追求其他女孩儿时，都是一通电话就要女孩儿帮他想办法，或是陪他聊天解闷。

当然，女孩儿也是爱着男人，不然不会在男人不想跟自己交往以后，还留在他的身边“当朋友”，也不可能在听男人述说自己对哪个女孩儿动心时，还可以压抑心里的委屈帮他想办法。

男人有个部分或许还算道德，就是在跟女孩儿表示不适合交往以后，两个人从此不再见面，只是电话联络，但是频繁的电话往来，仍然让他占据女孩儿的心，也让女孩儿更是无法放下能够交往的期盼。可惜，每次只要触及能否交往的话题，男人总是回答不可能，如果女孩儿希望男人不要再打电话给她，男人又会滑头地说："你不要接就好啦，只要你不接，我以后就不会再打啦！"轻巧地把责任又推到女孩儿身上。

女孩儿的朋友都觉得男人在利用她的关心和同情，但是女孩儿又放不下，她担心若是不听男人诉苦，两个人就连最后的联系都没有了。她也做不到隔离，因为男人很需要她，她不能对男人置之不理，心里也觉得或许他还在乎自己，否则就不会总是打电话给自己。

关于这个故事，其实我认为，这样搅和下去，男人只会一再换女友，但是把女孩儿当作朋友，继续享受她的温柔慰藉，但若女孩儿断然隔离不理男人，以男人是射手座来讲（我也是射手座，射手座很想得开），很难说会因为依赖中止而产生禁断症状，进而愿意交往，比较有可能的是：反正不缺女人，没有这个村，还有那个店。

在道德方面来说，男未婚女未嫁，男人虽然在上床以后没有答应交往，却没有继续利用女孩儿的身体，好像看起来还算道德，但是他利用女孩儿爱自己的弱点，继续进行情感勒索，也继续影响女孩儿的心思，也许男人想过这样会不会很过分，但是又觉得，既然后来没有亲密行为，女孩儿也可以交新男友，要是女孩儿不想浪费时间，就不要接电话啊！

这个故事让我们看到，当王牌是握在对方手里时，我们是多么无力。因为爱他，所以被予取予求，不敢冒失去他的风险，宁愿维持这种莫名其妙的关系。

我在做咨询时，经常跟客户说，感情要谈得顺利，其实没有复杂方法，关键只有一句话：你可以不要他。

无论你面对的是条件多么优秀的超级巨星或世界首富，只要你可以不要他，你对这个男人来说，就是特别的存在，你在感情中就占据绝对优势。

但是，你如果不够坚强独立，是不是就做不到？如果你没有自己的社交生活，是不是也做不到？如果你没有谋生的经济能力，是不是也做不到？

很多女人就是因为这样而无法离开，其实你只是会比较寂寞，暂时困顿而已，但是死不了，而且不久以后，你就会觉得没有他也不会怎么样，反而更轻松。

这个故事还告诉我们，道德本来就是有双重标准的，对女孩儿来说，男人吃完以后，拍拍屁股就走，还要继续跟她当朋友，勒索她的情感，真是很不道德。

但是对男人来说，他现在就是不想跟女孩儿交往，又贪恋女孩儿的安慰，他也会想：我又没有继续跟她上床，讲讲电话有什么关系？

题外话，我经常觉得，道德感强烈的人，除了让自己成为清流，高处不胜寒，活得很辛苦，感叹世风日下人心不古以外，其实无法拯救千万人于道德沦丧之中，我们只能守护自己的道德底线，无法要求别人拥有跟我们一样的道德观。

如果你可以像孔子一样，明知不可为而为之，虽千万人吾往矣，真是很了不起，无论结果如何，在过程中能够坚持自己的正道，并且一以贯之的人，我觉得都值得尊敬！同时，这样的人也不应该后悔，因为你已经贯彻信念！

但是，如果你的心念还没有这么强大，我们能做的事情，只有当不符合我们道德观的人要来伤害我们时，勇敢离开。但如果你真的无法离开，就认了吧，承认自己就是爱他，就像意大利名导演费里尼的经典名片《大路》里的女主角 Gelsomina，即使被毕生所爱遗弃，最后孤单而死，还是用尽心力去爱那个男人，只是不知道，你的 Zampano 会不会在人生的最后，后悔抛弃你。

要是你选择用无止境的付出去交换爱，你必须清楚结局可能是值得或不值得，想清楚再去做，不要觉得付出就会有回报。

当然，如果你一点儿都不付出，却奢望男人要不断给予，就必须想到他会有枯竭的一天，我们都不是圣人，没有不断给予而不带期望的神圣情操。我看到博客点阅率低都会难过，更何况是在爱情中付出时间金钱心力却得不到回报？

人生所有事情，都没有对错，也无关道德，只有你去选择，然后承担后果。在选择之前，请你尽量想清楚所有后果，因为都有可能发生，要是想清楚以后，觉得值得赌一把，就赌下去，然后愿赌服输。

不然，你也可以像 Gelsomina 一样，什么都不要想，傻傻地爱，傻傻地信任，傻傻地付出，然后在结果不如预期时，幽自己一默：这也是当然的，因为我什么都没有想啊！

接着，继续走你人生的大路。

卡关6 我男友的控制欲及占有欲很强，经常暴躁易怒，这是因为他很爱我吧？

梦洗说：“你错了，这很可能是反社会型人格，小心他成为危险情人。”

几年以前，台湾地区发生过一起骇人听闻的情杀割喉案，这个案件当时造成轰动，有部分原因是男女主角是俊男美女，看似人人称羡的一对，没有想到却演变为让人遗憾的结局。

这个案件发生以后，我一直在追踪相关报道，因为像女主角这样的类似遭遇，每天都发生在成千上万个女人身上，这不是第一件，也不会是最后一件。

老实说，越是抽丝剥茧去了解相关的事件背景，我越是为女主角感到心痛不忍。今天很多网络乡民会以肤浅的认知判断，觉得会上夜店、打扮时髦、身材姣好、容貌靓丽的女孩儿，必定是在金钱上需索无度，或是交友环境复杂，才会替自己引来杀机。

虽然的确也有情杀案是因为女方是吃干抹净的吸血鬼型人格造成的，也确实有男人因为被酒店小姐榨干钱财愤而行凶，但是在我的咨询生涯中，也有一些客户是从事特殊行业的。她们多半都说，经验老到的小姐会懂得适可而止，也看得出哪些客人要保持距离以策安全。

只要你对人性够了解，看过的男人够多，几乎在交往及认识的前三个月以内就可以判断出此人的基本人格特质。就算你不是从事特种行业，业务做久了，或是社会经验丰富，也能磨炼出识人的眼光。许多手腕高的女性，更是能让男人心甘情愿做火山孝子，别说杀她，男人连顶嘴都不敢。

因此在我的理解，该案女主角会遭此杀身之祸的最大原因，除了倒霉以外，就是因为她年纪太轻经验尚浅，还没有从现实人生中锻炼出对男人的判断力。

容易因爱生恨不惜杀人的男人都有强烈的控制欲或自卑感，但很妙的是这种自卑感反而经常以极度自大显现。在交往的前半年，只要仔细观察，绝对不难辨认，因为这个类型的人无法隐藏得很好。

因此，我一直在思考要如何提醒女孩儿们，在交往的初期阶段，从一些蛛丝马迹中，辨识出危险情人的可能讯号。

下篇“卡关 7”我会分享自身的危险情人经历，在我的博客中，一律把这类男人称作“魔王”，魔王就是魔王，只有大魔王跟小魔王的分别，但一样都是烂人，女人绝对要躲远一点儿！

以下就是几种危险情人（魔王）会有的特质：

1. 他经常看不起别人，并且没有能够称兄道弟的知心好友。

危险情人有一个特征是完全瞧不起别人，总是认为自己最优秀，自己的见解最独特，自己的思想最正确，如果他带你去见他的朋友，但是等到只有你们两个人时，就开始批评那个朋友是烂人废渣，样样比不上他，甚至还跟你说，他的朋友多么对不起他，你就要特别小心，这不仅代表他心胸狭窄，认定所有不顺利都是别人造成的。他还可能在你要求离开时，认为你是瞎眼的贱货才会想离开他而抓狂咆哮。

他的魅力特质：他具有极端的自信，一副没有任何事情可以困扰他的模样，让你为他的雄性激素深深折服，他也会经常夸耀自己的工作能力很强，事业很成功（有的事业真的很成功，但是事业成功不代表 EQ 高，更不代表人格成熟）。

2. 他有异常的嫉妒心及占有欲。

彼此相爱的情侣，都会有嫉妒心和占有欲，因此我们要学习判断是否异常，到达什么程度我们必须视为警讯。

首先，要是他对于你“穿着清凉暴露”“称赞其他男人”“谈论朋友或是前男友”这类事件的反应是不愉快或是生闷气，都还算是正常，因为他只是希望你给他更多关注，但是如果他的反应是——

穿着清凉暴露：骂你是贱货，说你招蜂引蝶，说你穿这样存心勾引别人。

称赞其他男人：怀疑你跟对方有一腿，有时还会接着辱骂，说你是妓女之类来贬低你的人格。

谈论朋友或是前男友：叫你别跟那些人见面，要你疏远朋友，并且表示朋友不能比他更重要，前男友话题是地雷，生气的时候，他会要你“滚回那个烂人身边”。

他的魅力特质：刚开始你会因为他的在乎而有被重视的感觉，但是等他越说越难听时，你就不会有这样的感觉了。

3. 他与母亲的关系异常疏离或异常亲密。

以心理学角度来说，从男人跟自己人生的第一个重要女性“母亲”的关系，几乎可以推测出他成年以后的感情经营模式，甚至还包括“没有母亲”的情况。

割喉案男主角到了二十多岁还让母亲喂饭吃，和女主角多次分手也是因为母亲出面撮合，才能断断续续维持三年，并且心情不好时，就对母亲拳打脚踢。

虽然说“慈母多败儿”，但是在我观察过的人中，和母亲的关系无论是异常亲密或异常疏离都不是好现象，对他本人与女性的关系都有强烈且决定性的负面影响。

亲密型要观察他是否每件事情都依赖母亲，因此欠缺生活自理能力，或是任何决定都要参考母亲意见。这种妈宝被照顾习惯，会把你当作妈妈的替身，而且最喜欢说：“可是我妈说……”

至于疏离型男人，你会经常听到他对母亲的怨怼及不满，他会把自己的感情失败和成长挫折全部归咎于成长时期母亲的照顾不周。这一型的男人，有一些小时候真的有被母亲虐待的经验，但是就算如此，有的人可以走出来，但他也可能会把从母亲那里无法得到的爱与关怀全部投射到你身上，要你扮演万能女超人，满足他所有的需求。

还有那种一出生母亲就不在的，不管母亲是过世还是跟别人跑了，这类男人会有两极化的反应，一种是因为母亲“消失”，所以会在自己的幻想世界里，把母亲塑造成完美形象，但是在现实生活中，没有一个女人可以到达这种完美的境界，因此他只会在每段关系中幻灭。但是幻灭还好，更糟的是会对女人感到失望，因为自己的母亲没有尽到应尽的责任，他会放大检视伴侣的言行，一旦你没有达到他的期望就会暴怒，还会说“你们每个都这样，每个都要让我失望”，但是事实是他的要求极端不合理。

他的魅力特质：天生母爱特别丰富，或是有救世主情结（又称圣母玛丽亚情结）的女性，会从他的依赖中得到被需要的快感，但是这种爱情是不健康而且扭曲的。

4. 他总是换工作或是被解雇，并且把原因归咎于环境及别人。

不要被他怀才不遇的那套说辞给骗了，一个成年男子（例如本案男主角），空有显赫学历，却一直找不到工作，显然就有很大的人格障碍问题。

不管一个人能力多强，能够放下身段去适应社会体制，绝对不会找不到工作。一两次失业还能归咎于时运不济，但若是经年累月如此，只能证明他缺乏融入团体的能力，无法控制情绪。

这样的男人，最不能忍受被自己的女人瞧不起，也是“自卑之人必自大”的典型。他会为自己的问题找出千百个理由，而且会疑神疑鬼，即使你完全没有看扁他的心态，他们也会鸡蛋里挑骨头，把你的无心言语解读为贬低之意，进而以言语暴力或肢体暴力惩罚你。跟这种废物在一起，无论有多少爱意及耐心，都没有用。

他的魅力特质：他会经常说，只有你了解他，只有你欣赏他，你是他唯一的心灵支柱。有的傻女人就会被这种供养天才的优越感给蒙蔽。

5. 他非常依赖你。

这个特质很好辨认，反正他就是很黏，但是这个类型跟嫉妒狂和控制欲不完全相同的地方在于，他们不像前者会直接以言语暴力或肢体暴力抒发不满，他们会表现在实际行为上黏个不停，例如你跟朋友聚会结束以后要回家休息，却发现他已经在你家楼下站岗，要继续占用你的时间，或是主动陪你加班，每天等你下班（即使你表示不需要），无预警参加你所有的私人活动，一天打数十通电话只为了说他很想你……

他会像金鱼大便一样，走到哪里黏到哪里，以你为人生唯一的重心，如果你稍加表示困扰，他会非常难过，好像你砍他一刀似的，并且表示他是因为太爱你以致渴望形影不离，还会哀求你不要离开他。（有没有觉得很眼熟？很多女人也会这样！）

问题是，这样让人喘不过气的感情，有几个人受得了？你会觉得自己根本就是在和跟踪狂交往。这一类男人会行凶的动机，多半是

“我这么爱你，为了你付出一切，你怎么可以离开我”？

他的魅力特质：会让女人感觉极度受宠爱及被关注，当你觉得自己跟公主一样时，很难清楚地意识并发现他是变态。

6. 毫无反省能力，千错万错都不是他的错。

其实，这个特质是烂男人基本的配备，不是危险情人的专属。我还是特别提出来，是因为这个特质很好观察，而且在食衣住行体乐各个层面都会明显表现出来，所以我认为值得一提。

通常在交往一段时间以后，他会要你负担起生活中许多琐碎细节，要是有让他不满意的部分，绝对是因为“你没有妥善安排”，就算明显是他的责任，他也会说：“好，就算这件事情是我不对，可是你也不应该让我更生气啊！”

有这种特质的男人，即使不会犯下杀人重罪，也绝对不值得托付终身。你只要想想，以后跟他在一起，就算刮风下雨，第一个被迁怒的人都是你，就知道有多么不值得了。

跟这个特质同时装备的有：幼稚不成熟、不懂得体谅别人、自私自利及不讲道理，你如果想反驳他，他绝对会恼羞成怒，甚至赏你一记耳光。

他的魅力特质：通常出现在女人缘佳、被宠坏的男人身上，所以外貌协会或是只看男人身家背景，不看人格特质的女人就会被迷惑，或是因为他的其他优势而甘愿委曲求全。

7. 有暴力倾向。

这个特质大家都知道要逃开，大家也知道这是危险情人的最明显特质，但是为什么我还是提出来？

那是因为，有暴力倾向的人，不会让你第一天就察觉到，并且有暴力倾向的人，通常配备强大的人格操纵魅力（像希特勒一样很会洗脑），他们会利用言语上的贬低、打压、恐吓的方式，扭曲你的自我价值感，经年累月下来，你会觉得问题都是出在自己身上，不然为何有那么多遭受家暴的妇女离不开这类男人？

跟这种魔王交往的半年期间，我也曾“与恶魔共枕”，真实地体会暴力型人格的高明操纵手段，幸好我的运气不错得以脱身，但是一想到有许多女性活在这样的恐惧中难以逃脱，我就觉得一定要把他们的模式公之于世。

从这件割喉案中，大家要知道：不管学历或社会成就的高低，会有暴力倾向的男人就是会有暴力倾向，而且极不容易改变，最好离他们越远越好。

暴力倾向人格有演进模式，刚开始是言语暴力，例如经常性地贬低你，或是发表贬低女性言论，也可能会嘲笑你的身材，或是嫌你没有用是废物……这些嘲笑及贬低，意在打击你的自信，让你心里慢慢相信“你这么糟，除了我以外，不会有男人要你”是真相，除非有强大意志，不然每天这样被洗脑，久而久之，绝对会自信心动摇。

然后你会发现，他动不动就会发怒，就像跟不定时炸弹共同生活，你因为怕他发怒而谨慎恐惧，但是因为他会恐吓及威胁你，让长期处于神经衰弱状态的你，逐渐丧失判断能力，对他的要求唯命是从。

最后，言语暴力绝对会进展到肢体暴力，因为暴力倾向人格会觉得到这个阶段才是完全控制，而且在前面的阶段，他已经切断你的社交圈，削弱你的自信及价值感，让你觉得自己是他的附属品，所以到最后，你甚至会觉得自己被打活该。

大家要特别注意，这种洗脑的模式是渐进的，而且人类的本性会被习惯所制约，所以跟暴力型人格相处越久，越难逃离其掌握。

这也可以充分解释为何女主角在经历这么多危险讯号以后，仍然一再复合，难以分手，直至最后遭遇不幸，因为他们同居在一起，让男方有更多机会进行洗脑及控制。

这当然也可以解释为何许多遭受家暴的妇女，还是会一再原谅那个伤害她的男人。

他的魅力特质：他们通常极有魅力，而且个性强势热情，对于如何操纵人性有天赋本能。他们挑选的对象，也以意志力薄弱及个性单纯的女性为主，太过强势及自信的女性，他们会自动跳过。

最后，我要分享两个遭遇魔王的客户案例（请事主不要介意看到自己的故事，因为不会有人知道你是谁，这样也可以帮助更多女性），因为很多女人会以有没有动手为基准，但是拜托，心灵上的伤害也很可怕，请不要一厢情愿地认为：他没有动手，所以不是危险情人。

个案 1 ：因为年过 35 岁很想结婚，通过联谊认识大自己十几岁，家里有许多房产，不必工作也可以生活的富二代，认识没有多久，该男就以自己的身家背景诱惑女孩儿与他交往，她还以为是天上掉下来的金龟婿，没有想到噩梦从此开始。(男人过了45还没有结婚，本来就是件很可疑的事。)

富二代先以必须会照顾他为由，要女孩儿每天做饭给他吃，并且到他家做家事，之后更要女孩儿协助他处理日常生活每件事情，包括帮他股票下单，但若是股票赔钱，他就会迁怒于她，骂她一顿，说她是带衰的扫把星，自己跟她交往以后，买股票都赔钱，都是她害的。

如此不讲理也就罢了，他还有一群猪朋狗友，每天纵情声色花天酒地，每个男人都四十几岁，不是离婚就是外遇，人品非常低劣，竟然给他出个馊主意：我看那个女人根本是想骗你的钱，想嫁入豪门，你必须严加防范，老哥教你一记妙招……

这记妙招就是：女孩儿每次跟他上床以后，都要给他钱，以证明自己不是为了钱跟他交往。至于价码，随他心情开，有时候给三千，有时候给五千，如果个案不想给，他就会说："我朋友说得对，你是看上我家的钱，才跟我在一起的。"女孩儿因为不想被误会，只好乖乖付钱。

记得我还开玩笑地问她："哇，还要女人付钱？他的功夫很好吗？"她回答："功夫很差，他快要50了，能好到哪里去……"

后来，他更是变本加厉，每天嫌弃女孩儿年纪大，没有自己的前女友貌美（奇怪！那你滚回前女友身边啊！），还说妈妈讨厌她，不可能让她进家门，除非她更努力表现（这句才是重点吧）。之后有一天，女孩儿发现自己怀孕，原本要跟男友报告这个好消息，没有想到他听到以后，脸色一沉，说："我就知道你有一天会出这记阴招，你这个阴险的女人。”（奇怪！不想把女人搞大肚子，就不要不加防护啊！没有听过保险套这种高科技产品吗？有不愿意戴保险套，然后搞大女人肚子，还说自己被黑的道理吗？）

女孩儿当然是如遇晴天霹雳，但是看到男友不想让自己把小孩儿生下来，还是默默让家人陪着，去诊所做堕胎手术。但很妙的是，这位不知道在哪个粪坑里捡到良心，立刻赶到诊所，但是手术已经完成，女孩儿的家人知道他就是罪魁祸首，当然没有给他好脸色看，这件事情竟然也成为他指责女孩儿的主因。

手术做完后过几天，魔王不仅没有关心和问候女孩儿身体状况，反而骂她一顿，说她“刻意安排”家人都在场，摆明要给他脸色看，让他对女孩儿“心灰意冷”，觉得她十分阴险，还说自己赶到诊所，本来是想阻止她动手术，并且想说小孩儿就留着，自己会找时间介绍她认识妈妈，然后准备结婚，但是这一切都被她的愚蠢所破坏，他要跟她分手。(妈啦！话都是你在说！）

女孩儿来找我咨询时，整个人情绪低落到谷底，六神无主。直到今天，我还是担心她的后续状况，因为她不仅不责怪那个人这样残忍的对待，还真的认为是自己把“难得的缘分”搞砸而后悔不已。她不断责怪自己，不应该冲动拿掉孩子，不然可能已经顺利结婚。

我只好不断地点醒她，并且跟她说，这个人就是魔王，是危险情人，他的人格有问题，不要被他的说法所迷惑，正常男人根本不会在女友怀孕时，说什么这是阴谋论的话，更不会在小孩儿拿掉以后，还马后炮地故意补一刀，说什么本来会娶你，是你自己没有把握机会的屁话！根本不合逻辑，好吗？

我跟她说，如果你不拿掉小孩儿，他还会继续冷嘲热讽，还会继续说你是个居心叵测的女人，还可能会说小孩儿不知道是不是他的。如果你受不了这些打击，拿掉小孩儿，他也会把责任推到你身上，假仁假义地说，他本来想把小孩儿留着，是你自己要拿掉。如果你坚持把小孩儿生下来，他还是会说他不承认小孩儿是他的。如果DNA证明小孩儿是他的，他也会说小孩儿可以留下来，但是会用这种招数的阴险女人不配做他的老婆，你必须滚蛋。

就算你真的能够嫁给他，因为该类型的人就是妈宝一枚，肯定母子俩每天合作欺凌你，你不见得会母凭子贵。这个类型的人，还会趁孩子小的时候，洗脑孩子：妈妈是贱女人，要跟爸爸一起唾弃她！你说，这样是不是生不如死？

总之，跟他们在一起，根本不会有女人想要的幸福婚姻，只有被操纵和利用到丧失价值为止，而且他在抛弃你时，还会说是你的错，是你自己造成的！

太恐怖啦！所以，不是只有会动手的男人才是魔王！

个案2：在工作场合认识的他，刚开始被他的工作能力吸引而觉得他是好对象，但是之后就笨笨地被他“我们不要在同一间公司工作，这样会被说闲话”影响而换工作。(妈啦！为何不是他换工作？)

之后虽然顺利交往，但是他完全不能沟通和商量，只许女孩儿顺从他的意见，如果女孩儿有其他看法，他就会冷战，可以几个月不理女孩儿，直到她低头道歉挽回，并且同意他的意见为止，所以在交往过程中，他一步步占地为王，女孩儿一步步割地赔款。

比较经典的事迹：有一次，公司举办员工旅游，他破例让女孩儿参加，但是在登山过程中，女孩儿不小心扭到脚，跟他表示自己脚很痛之后，他不仅没有怜香惜玉，还厌烦地说："你怎么这么笨，爬个山都会扭到？自己想办法，我没有空理你！"说完以后，就大步跟上前面的队伍，把女孩儿一个人远远地抛下。

然后，女孩儿拖着疼痛的脚，卖力爬到山头，看到他跟同事们有说有笑，完全不在意自己这么辛苦，一时悲从中来，就当着众人的面，稍微数落下男友："你怎么不来扶我？我的脚很痛啊……"

男友瞬间脸色铁青，同事们为了圆场就开玩笑说："你这样不行哦，赶快带你女友回家休息吧，你看她已经痛到哭啦！"既然同事们都这么说，他就立刻拉起女孩儿的手，然后说："我们走！"急忙把女孩儿带离现场。

到了山下上车以后，他的教训开始了，他劈头就把女孩儿骂一顿："你知不知道刚才让我多丢脸？你这个白痴，不会爬山还硬要跟，把整个气氛都破坏了，还让同事觉得我对女友很坏！"（你本来就对女友很坏……）

女孩儿吓呆了，没有想到男友会是这个反应，但是只能强忍住泪水赶快道歉，希望男友可以息怒。登山事件以后，女孩儿又被其无故冷冻，每次都是这种小事情，男友就会勃然大怒，然后说："我们真的不适合！"女孩儿就会苦苦哀求："再给我一次机会，我下次一定不会犯错……"

听完整个故事，女孩儿仍然处于“觉得自己有过失，想要挽回男友”的迷思中，我只好分享自己“与魔王共枕”的经历来点醒她，并且告诉她，你已经遇到危险情人，现在是你跟他交往还不深，慢慢进行下去，总有一天，他会动手打人！

如果他觉得你没有利用价值，或是他腻了，主动抛弃你，你真的要去吃猪脚面线。恭喜自己逃过一劫吧，因为在魔王的字典里，只有他抛弃别人，没有别人抛弃他。我自己遇过的那个，曾经在前女友提出分手以后，威胁恐吓要对她和她的家人不利！

人性是复杂的，越是不寻常的事件，越是能够显示出人类最黑暗和最无法解读的部分，但是只要我们有清楚的认识，就可以从树摇叶晃中意识到暴雨将至，进而趋吉避凶。

希望大家能将这些警讯谨记在心，用来检验自己交往的每一个对象。

卡关 7 朋友说，我的男友是危险情人，可是我觉得他的要求好像都是对的。

梦洗说："你错了，让我分享自身的恐怖经历，你就知道大魔王如何辨识。"

上篇"卡关 6"有提到我曾经交往过半年的危险情人，姑且就称他为黑天蝎大魔王。从分手到现在，已经八年过去了，但是那半年痛苦的记忆仍然历历在目。我经常跟朋友或客户形容，那半年的我，就像是关在纳粹集中营的犯人，每天怀抱着恐惧度日，虽然好不容易重获自由，恐怖的记忆仍然在心里挥之不去。

为了怕文章出来以后，会被经常贴上记恨标签，所以我一定要先声明一个前提：

"绝对"不是每个天蝎男都跟我遇到的这个大魔王一样，很多天蝎男是专情又温柔，肯付出奉献的好男人。我的客户中有白天蝎男，为了女友来咨询如何让感情更好，我的多年好友也嫁给白天蝎男。白天蝎跟黑天蝎的个性真是天差地别，可以说，白天蝎让你上天堂，黑天蝎让你下地狱。

至于黑白天蝎如何分辨，本篇文章就是要教你分辨，请慢慢看下去。

话说八年以前，我还是白痴傻妹的阶段（完全没有现在的功力，所以大家要对自己有信心，一定会进步），满脑子想着要结婚，所以到处去联谊，这个黑天蝎大魔王，就是在某个联谊场合认识的。（下文简称为“魔王”）

他的工作很好，又是一表人才，记得还是位工程师吧，每个月可以赚十到二十万台币，所以虽然大我五岁，我还是觉得“真是个好对象啊……”。（现在想起来，男人到这个年纪还没有定下来，还在婚姻市场寻觅，其中必定有诈啊！）

后来几次约会，他也非常积极，我就把其他还在考虑的名单都推掉，专心跟他约会。现在想起来，这就是命运的安排，命运推着我非去学习这门功课不可。

这个缘分实在很吸引我，因为在此之前，我交往的男友几乎都是自己做生意当老板或是工作狂，没有很多时间陪我，也没有很在乎我，而且几乎每段都是以男方劈腿告终。因此我在心中暗许愿望：我要一个很黏我的男友。

结果我的天啊，还真的给我实现了，但是却以有点儿恶搞的方式……

后来，我跟魔王就以野火燎原之势发展，他非常猴急，记得好像第五次约会，就约我去山上喝茶，然后把我带到山顶看夜景，接着当然就是吻下去。傻傻白痴的我，还陶醉在热恋的喜悦中，浑然不知大难临头。

正式交往以后，因为我从来没有体会过那种被男友黏着的感觉，所以第一个月非常甜蜜幸福，虽然觉得这个人电话也打得太勤了。一天到晚问我在干吗，和谁在一起，下班以后要做什么，而且总是毫不犹豫地把我所有业余时间都霸占，但是你们知道，我没有遇过这种类型的男友，所以只觉得：啊！这就是我要的，这就是被一个男人很重视和在乎的感觉啊！

但是，在交往两个月左右的时候，魔王觉得差不多可以“调教”我了，就开始训练我做他的“超完美女佣”。他的理由是：每任女友都会帮他做所有的事情，所以我没有理由不做，而且我若不做，就是代表不爱他。

他还经常故意跟我说，他跟前女友交往四年多，那个女孩儿贤惠到极致，厨艺一流不说，对他简直是言听计从，伺候周到，他到现在还是很怀念她。(那个时候，我心里其实也想过，既然如此为何这么好的女人，你们还会分手？又一想管他呢，反正让我捡到好男人，所以没有继续思考这个关键问题。)

各位请注意，**所有控制型男人的洗脑手段，就是把他的私欲包装成“你不做就是代表你不爱我”，这是典型的情感勒索。但是，我当时并未意识到，只觉得为他付出，我也很开心，而且我不想被他的前女友比下去。**

控制型男人的另一个洗脑手段，就是会经常拿你跟其他女人做比较，说你多么不如人，要是不加紧赶上进度，他有可能会让别人取代你，以此逼迫你改变成一个连自己都不认识的人。

于是，傻傻的我就像待宰的羔羊，一步步进入他编织的天罗地网，直到难以抽身。

如果不是跟魔王实际相处过，真的会以为他是优质男，工作好收入高，又有一些专业的兴趣，例如他喜欢养海水鱼，家里一大一小两个鱼缸，里面的海水鱼算算总价也要四十几万（海水鱼本来就很贵，他都买皇后神仙鱼那类的），他还有潜水执照，每到夏天，他就会去海岸一带潜水。他热爱运动，我跟他在一起半年，去过棒球练习场挥棒，也打过高尔夫球，甚至还陪他去钓鱼，过得非常“充实”。

只听以上这些条件，是不是觉得这是一个难得的阳光好男人？

但是你们知道，为了他的这些“兴趣”，我有多惨吗？

在交往中，我慢慢发现，他不是真的爱我，应该说：他爱我的“功能”，女友或老婆对他来说，是一个可以帮他省事的工具，让他泄欲的玩偶，让他指使的奴才，但不是一个地位平等，他需要尊敬及爱护的“人”。

我跟他在一起半年，同时身兼“女友”“朋友”“玩伴”“跟班”“奴才”等多重角色，但是没有一个角色是站在尊重我的基础上建立的，因为他不会管我的喜好，也不会问我的意见，我只是一个傀儡娃娃：他往东，我只能往东；他说不，我只能乖乖摇头。

而且更可怕的是，他逼我切断所有的社交圈，现在想起来，他是要我无法接收到外界的讯息和援助，但是当时我觉得他真的好爱我，他甚至还跟我说：“你不要再跟那些朋友出去，你跟我在一起以前，已经跟他们相处得够久，以后你只能把时间留给我。”

所以，跟他在一起时，我都把手机调成静音，只要有他在，甚至跟朋友多聊几句，他都会生气，我还因为如此，在当时任职的单位业务部上了黑名单，因为我从来不配合加班（拜托，哪有业务不加班），魔王不会在乎我的工作事业升迁，他只要自己方便。

后来，他为了让我可以跟他一样“准时下班”（他经常取笑那些要加班的同事都是没有能力的人），甚至要我干脆辞掉工作，我问他：“那我要做什么？”他的回答不是要养我，而是说：“你随便找个距离我的公司近，又能准时下班的工作。”真是自私得可以！

那个时候，我经常因为要准时下班，搞得自己精神紧绷，一边要看主管的脸色，一边要应付他的夺命追魂CAll，压力说有多大就有多大，也经常因为要过马路赶快到达“集合地点”而闯红灯（魔王都会停在我公司对面车道等我，还会威胁我，他把车停好以后五分钟内，如果我没有赶到，他就放我鸽子），就算我因为他被车撞死，他也不会有任何愧疚。

现在我才领悟到：**绝对不能为了男人，影响自己的事业，以及放弃自己热爱的事情！不让你继续活在理想中的男人，丢掉也不可惜！**

刚好那一年，我妈妈去外地工作（不然她一定会介入，帮助我脱离魔掌），我家是单亲，所以爸爸和妈妈都不知道我遇到这么离谱的烂人。那个时候，我的两个弟弟，好像一个在当兵，一个在念寄宿学校。就这样，我被完全地孤立在这个功课里，想逃都逃不掉。

这段关系的血泪纪实，就分为三个部分来叙述：一个是我身为女友，必须帮他服务到家，完成使命必达的“非常任务”；一个是魔王跟一般正常男人不同，动辄得咎经常发飙的“经典事迹”；一个是分手以后，我的体会跟调查的真相“幕后追踪”。

搞得很像是在做探索频道，但是我要跟大家声明，我遇到的这些事情，都是真实的。也许听起来很扯，但是现实生活总是比小说更离奇，何况我文章的看点就是比许多专家和权威更坦白，我不会说自己的感情经历都是一帆风顺，然后出书写文章，都是在写“朋友、客户、路人”，或是“我听说”的故事。我敢于自揭伤疤，虽然不建议大家都这么做，但这就是我的风格。

先讲魔王的“非常任务”（这些是我还记得的部分，比较小的事情）：

先说明一点，为何这些事情我都不能推掉？因为第一，他会说，你很自私（通常自私的人都喜欢说别人自私）。再来他会说，他的前女友都会做，我不如她（激将法就对了，所以想要证明我没有不如她，我就要做）。最后，他会拼命死缠，魔王最擅长这招，如果缠不成就会恼羞成怒，会摔东西（还是摔我的东西），会叫我滚（后来我都很开心地立刻滚，悲惨的是他都会来挽回，不知道为什么当时我都会鬼使神差，心软回去），还会讲一堆难听又残忍的话（儿童不宜，恕不详述），反正我都会掺杂着“愧疚、害怕、恐惧”的复杂情绪，还是默默地去做，至少他不会继续生气和骂我。

然后，魔王也很了解心理学技巧“糖果与鞭子并重”，我要是乖乖遵命行事，他就会嘉奖我“不错，比我的前女友做得更好”，或是

“我就知道你是爱我的”。分手以后，我看了许多心理学相关书籍，才发现这是极为高明的控制手段。

1. 我要帮他洗澡，因为他说自己工作一天很累（我就不累吗？），我要是爱他（又来了），就会帮忙做这些小事。帮他洗澡的步骤是：把沐浴乳挤到沐浴球上，然后弄出泡沫，帮他全身上下刷洗，最后他自己把泡沫冲掉。幸好我不用帮他洗头，因为他说自己知道哪里会痒，但是有时候还要我帮他抓痒，力道也要刚好，太轻或是太重都会换来他一顿臭骂（魔王的口头禅是：你找死啊！）。

2. 我要帮他扫除，两个月一次，用抹布擦所有的地板，每个角落都不能漏掉。当然，窗户边缘也要擦到，曾经有一次，我打扫结束以后，他过来检查，用手指抹着窗台，就瞪着我说：“你自己过来看！”我就抖抖抖，不知道怎么了，我很努力地看，还是看不出哪里有问题，最后他才说：“你做事真的很不认真，这样能说是擦过吗？”（现在的我会说：“老娘愿意擦就不错啦！”）

3. 每一个半月左右，他的鱼缸要换水，我不仅要协助换水任务，还要帮他刷洗鱼缸。那个鱼缸有多大？大概跟姚明一样长吧！宽是一米，他自己不刷，都让我刷，还说：“这是最简单的工作。我没有叫你换水，你就应该感恩。”总之，他的所有前提都是“交办这些简单任务给你，你就要感恩。你知道前辈做过更多艰难任务吗？你算是好命啊！”当然，他一定会检查成果，还会很龟毛地训话：“你看，这里没有擦干净，做事要仔细一点儿！”（我心里是脏话连篇啊！）

4. 我要负责买便当，无论是早上还是半夜，只要他饿了，我就要去便利商店买便当（他完全不担心我半夜出去会不会危险，他的便当更重要），买回来还不能直接加热，因为他觉得用微波炉去加热便当会有毒素（塑化剂？好像恶人都特别怕死），所以要把饭菜摆在盘子上，用保鲜膜包起来加热。同样，会规定，要加热到“刚好”（谁知道什么是刚好），要是不够热或是热太久，我就“死定了”（他每天都会威胁我，做不对就“死定了”）。还有，饭一定要放在下面，菜一定要放在饭旁边，才会“受热均匀”。

5. 晚上无论我有多累，他老兄可以休息，可是我要帮他“睡前按摩”（背部大腿含脚底指压），大概要按三十分钟到四十分钟，通常他规定的项目全部做完，我睡觉的时间已经是半夜四点，我还要八点就起床上班。他不会管我死活，只会说：“谁叫你动作那么慢，才会拖到现在才睡觉，我交办你那些任务，如果你赶快做完，就可以提早上床，就可以开始按摩啊！”（言下之意是：按摩不能省，如果我爆肝，是我的事情……）

6. 洗衣服、晒衣服、烘衣服、折衣服，也是我的职务。以魔王这么龟毛的人来说，白色衣服和彩色衣服要分开洗，内衣裤和袜子也要分开洗，经常只有洗衣服，我就要忙三个小时。他呢？他在打电动，而且还会要我赶快弄好陪他打电动，反正动作太慢，他就会发飙。对了，打电动的时候，要是我跟他“默契不够”，没有帮他打怪，或是害他死掉，又是一顿臭骂！（他会说：“打电动这种小学生都会的事情，你还打成这样，你是废物啊！”）

7. 到了夏天，就是他很爽我很惨的潜水季（幸好我只经历过一次）。每次他潜水时，因为我没有潜水执照，只能在漆黑的海岸边等待，完全没有任何人，也收不到讯号，只有阿飘陪伴我，还有小黑蚊叮得我满身红豆冰。我不能走开去做自己的事情，因为不知道他潜到何时会上岸，只要他一上岸，我必须立刻赶到岸边，帮他提头灯和蛙鞋（他还是会说：“你看，我对你多么好，没有要你提氧气瓶，反正你那么逊也提不动。”），只要动作稍慢，又是一顿臭骂。

8. 他潜水结束以后，回到家神清气爽，我却有一堆工作要做，帮他洗潜水衣、蛙鞋、潜水鞋，然后还要擦头灯，反正就是全套设备。洗完以后，还要确定没有残留沙子（所以大概要洗三次才会干净），然后要拿去阳台晾干，之后因为魔王潜水时会抓鱼或是龙虾，还要去料理龙虾，有时候还要料理海胆。（多亏魔王训练，我现在已经变成一个谁敢叫我非自愿下厨，我就会拿菜刀砍他的女人。）

9. 他的兴趣广泛，每隔一段时间就会有新花样，记得有阵子他又迷上了钓鱼，但是对我来说，就是又要被蚊子叮。这样还不够，他要钓的那种鱼，喜欢很腥的诱饵，所以我们就去钓具店买沙虫做饵，然后我被分配到的竟然是最恶心的工作，就是要把沙虫剪成一半（活生生地剪），然后钩在钓钩上。那几次钓完鱼，我手上的腥味直到三天以后，都还可以闻得到，怎么洗都洗不掉，他竟然还说我：“你怎么那么臭？这样我不敢碰你啊！”（是谁害的？）

10. 最恐怖的花样是：逼我陪他练投接球。看见人家运动员，魔王一时兴起，对棒球产生兴趣，刚开始是去棒球练习场挥棒，但是过一阵子，他觉得没有“临场感”（把你扔到球场给大炮狂轰，最有临场感啦！），所以就去买捕手手套跟棒球，是那种真正棒球比赛用的硬球，然后逼我陪他在附近的公园练投接球，我整个人都在抖，是发自内心的恐惧，因为我要当捕手，可是**魔王的字典里没有“怜香惜玉”，只有“铁的纪律”**！

我说：“要是我被球打到怎么办？”他说：“只要你用心接，就不会被打到。”（拜托，最好我是大联盟名捕手）而且我也没有捕手的装备，而是很逊地用两个椅垫绑在身上，说有多蠢就有多蠢，但是比起美观，那个时候的我，更在乎性命！

之后，每次都是地狱般的特训，魔王也是“用尽全力投球”。我一个弱女子，手无缚鸡之力，哪能接得住男人全力投出的球？接不到会被他骂，还要在公园满地找球，接到手会很痛，痛到都瘀青，有时候还会被打到身上，但是这一切的一切，他看在眼里，不仅不心疼我，还一直骂我很逊，球技很烂，害他无法提升球速（最好我天生就是十项全能），反正让他无法尽兴，就是我的错。

最后，我实在受不了投接球的精神折磨，决定牺牲右腿以保住性命，因为我一直很怕会被打到脸而破相，或是被打成脑震荡，要是被打到，魔王也绝对不会愧疚。所以有一次，我故意看准他的球路，让右腿被球打到，真的不骗你们，我痛到立刻飙泪，为何我必须做到这样，男友才会不逼我陪他练球呢？后来，魔王果然一副扫兴的脸，过来察看我的伤势，还叫我赶快站起来，陪他继续练球，我说真的很痛，搞不好已经骨折了，他才打消念头。

后来我就去看医生，他也陪我去。那个时候右腿已经整个肿起来，医生看了也吓了一跳，问我是怎么受伤的？我看着身旁的魔王，只说了一句：“被棒球打的。”（其实心里很想说，被身边这个浑蛋打的！）看完医生以后，魔王还怪我大惊小怪，只是腿有点儿肿而已，何必一副痛到要死的样子？（这个时候，我心里已经问候他祖宗八代超过十遍！）

之后，我就不必再陪他练投接球了，我说：“医生说，我的腿还没有好，不能跑步，所以不能陪你练球。”过一阵子，魔王的兴趣又转到高尔夫球上，我才逃过一劫。

这十件事情，是我记得比较清楚的，跟他在一起，虽然只有半年，但是我每天都是度日如年，之所以没有断然离开，可能是被制约和洗脑了。说到为何我会乖乖听话，其实跟我的个性大有关系，我是一个不喜欢吵架和争执、配合度很高的人，我跟历任男友都没有吵过架。严格说起来，只有小口角和意见不合，但是在我的生命中，还没有发生过需要“大吵大闹扇耳光”“一哭二闹三上吊”的激情戏码，能够理性沟通，我绝对会理性沟通，能够不情绪化就不要情绪化，我向来的看法是：生气又不能解决问题。

这样温和讲理的我，落到魔王的手里，就像秀才遇到兵，无论我怎么沟通，他都会用他的歪理逼我屈服，虽然那个激动和情绪化的人是他，可是他太理直气壮，总是非常有魄力地把责任都推到我身上，“都是因为你做不好，才会惹我生气啊”。久而久之，长期被贬低、辱骂、洗脑的我，竟然不自觉地开始认为他说的话都是对的，我真的是个不够好的女朋友，我要拼尽全力去服侍他，我要小心翼翼地察言观色。

而且他的观人术也是一绝，大家注意了，魔王型的男人很会挑猎物，绝对会找个性柔顺的女人下手，因为个性柔顺的女人比较容易控制。

曾经有一次，我非常生气，问他为何对我这么坏，是因为我脾气好，所以好欺负吗？他没有遇过很强势的女人吗？结果很妙，他对我说，无论任何女人，他只要见一次面，就可以从言谈中，察觉到这个女人“听不听话”，那种比他意见更多更龟毛，甚至更强势霸道的女人，无论再漂亮再正，他都不会浪费时间，因为他的投资要有值得的报酬。

很多女孩儿看到这里时，一定会觉得怎么这么傻，这种烂人应该趁早切断啦！

但是你们真的不知道，被家暴的妇女会一再原谅对她们施暴的男人，就是跟我当时的处境类似。魔王型的男人具有魔鬼般的魅力，能够蛊惑人心，他们运用的洗脑手段更是浑然天成，很多女人根本不会察觉到自己被洗脑和控制，反而会觉得很幸福，因为“他是这么需要我”。

以上的故事，虽然夸张和不可思议，但都是真的，我过去的感情经历都是比较惨的，但是我都能挺过来，还让自己越来越好，越来越独立坚强，所以姐妹们，我能做得到，你们怎么会做不到？

叙述魔王给我的魔鬼特训课程“非常任务”以后，就要来到故事最精彩的部分“经典事迹”及“幕后追踪”了。现在我可以用搞笑的方式来诉说，是因为我已经走出来了，但是很多陷在其中的女人，不是傻到觉得“这样才是真爱”（相信我，这样以为的女人，还真是不少），就是不知道要怎么离开这个男人。

因为魔王的等级有差，要是你遇到的是终极魔王，会恐吓要伤害你，劝你报警备案，如果不幸被打，记得要去医院开验伤单，也要报警或是找律师，你不为自己想，也要想想你的父母和朋友会有多么伤心。

魔王除了每天把我的任务排满之外，请你记住，危险情人的标准配备就是“任何事情都可能是地雷，动不动他就会抓狂生气”。口头禅更是“都是因为你不好，我才会生气”。在魔王的逻辑中，他是世界的主宰，他是完美无缺的，所以他的想法和念头就是唯一真理，你有任何意见就是忤逆。他会生气，也是被你逼的；他会打你，更是因为你欠打，谁叫你“不听话”？

以下就是魔王降天谴，送给我的“经典事迹”：

1. 魔王喜欢去海岸一带潜水，潜水结束以后，他很喜欢逛流动夜市，就是会在建筑空地摆摊位的那种，通常都是在鸟不生蛋鸡不拉屎的地方。魔王很喜欢玩流动夜市必备的赌博电玩水果盘（就是７７７中大奖那种），因为我不玩，所以我就会在夜市里乱逛。有一天，他在玩水果盘，我就去乱逛，顺手买一包洋芋片带回来吃，之后我就觉得他神情有异，但是我以为是他手气不顺所以不高兴，就继续吃洋芋片，浑然不知顷刻间风云变色。

后来夜市要收摊，他手气不好，就起身要离开，我当然是乖乖跟在他后面，不敢作声。(魔王不准我跟他手牵手走在一起，我只能跟在他身后两三步，偶尔他牵我的手，还会说:“好啦，看你可怜，给你牵。”）之后，魔王打开车门坐进驾驶座，我也要打开副驾驶座的车门上车，没有想到竟然上锁，而且魔王毫不留情地把车子开走了。

我当即傻在原地，完全不知道又是哪里得罪了他，还是他单纯手气不好就迁怒我。但是再怎么说，也不应该把女朋友放在荒郊野外吧？我委屈地哭着，可是随即又想：哭不是办法，要怎么回台北？身上现金又不够。

我立刻拨打他的电话，但是他关机故意不接，后来我灵机一动，回到夜市里，找水果盘的老板，因为我们在那里玩了很久，他还记得我。我跟老板说:“男朋友跟我吵架，把我放鸽子，我没有办法回台北，可以请你们载我到火车站吗？”老板和老板娘真的很好心，一路上不仅安慰我，还直接送我回台北。

之后过了几天，魔王都没有联络我，我当然也很生气，觉得他真的很过分。三更半夜，荒郊野外，要是我出事，他不会愧疚吗（如果魔王会愧疚就不是魔王了）？但悲惨的是，他后来又出现了，而且每次都是相同的戏码:“我是做得有点儿过分，可是你也有错，你真的太白痴，天底下哪有人像你这样做女朋友？”魔王接着说:“你只顾着自己吃洋芋片，没有想过我也想吃吗？你这个自私的女人！”

哦……我无言了，他把我放鸽子在郊外，就为了一包洋芋片。什么玩意儿！想吃开口说就好啦！

但是他的理想是把我训练成“他肚子里的蛔虫”。也就是说，如果有什么事情，还要劳动他“开口要求”，就是我没有观察入微，不够爱他，不够用心。我应该在他开口以前，就知道他要什么。(最好有人能做到，去他的！)

2. 有一次，不知道是帮他换水还是喂鱼，不小心碰掉一个鱼缸旁的设备，就掉到地上破掉了，那个东西不是很贵，塑料做的，应该很容易买到替换品，但是他立刻暴怒，对我说：“你这个白痴！”我又是怕到抖抖抖，只好很小声地说：“对不起，我买一个赔你，可以吗？”他却说：“这不是赔不赔的问题，是你白痴、低能、废物。这点儿小事儿你都做不好，你是猪啊！”(他骂人的台词，我想可以编成一本“骂人指南”) 后来，魔王打开窗户，我怕死了，不知道他到底要干吗？没有想到，他顺手提起我的手提包，就往外面一扔。我的手提包被他扔到树上，里面的东西掉到地上，粉饼镜子都摔坏啦！

这是他第一次大发飙，之前他都“掩饰”得很好，但是我真的吓死了，而且心里突然出现一个清澈的念头：“这次他是扔我的手提包，下次可能就是直接把我扔下去了。”后来，我没有办法把手提包从树上弄下来，还去消防局请消防队员帮忙，消防队员听我说是我男友干的，还提醒我要是他动手，记得要立刻报警处理。

过了几天，他仍不知反省，竟毫无悔意地说：“都是因为你惹我生气，只是扔你的手提包你应该偷笑了，我的前女友都被我打，你知不知道你很好命啊！”(魔王很喜欢强调我的前辈有多惨来警告我很好命，但是正常男人根本不会以虐待女友为乐。)

3. 有一天晚上下过大雨，所以地上很湿，我跟他吃完饭走出餐厅，我很倒霉地跌倒，然后真的“仆街”在路上，又痛又丢脸，但最惊人的是，身为男友的他，不仅没有赶快过来扶我，反而在一旁狂笑不止。我忍痛站起来以后，他还继续狂笑说，没有见过我这么笨这么迟钝的人，走个路也会跌倒，真是白痴，还说我今天逗笑他，可以记嘉奖一次。（正常男友如果爱你，会是这种反应吗？）

4. 有一次去买某家很有名的便当，当然又是我去买，上车的时候，我不小心手滑，装便当的袋子掉到地上，魔王以眼角余光瞄到我把袋子掉到地上，立刻严厉地说：“你的排骨饭砸烂就算了，要是我的焢肉饭摔到，你就死定了！”我立刻把袋子捡起来整理，他的焢肉饭只有“一点点”漏出来，而且回家以后，他会让我装到盘子里再给他吃，所以我就说：“便当没有问题。”他没有再追究，让我有逃过一劫的感受。（正常男人会为了便当凶女友，还说她死定了吗？而且我确知，那天要是他的便当摔坏，我真的会很惨，不是重新买便当那么简单，他会骂我浪费他时间，本来可以立刻回家吃便当，都是因为我笨手笨脚，延误他的吃饭时间！）

5. 他自己不动脑搜寻，要我每周找一家“保证好吃”的餐厅，只是“保证好吃”就很有难度，因为我很好养，很多东西我都觉得很好吃，但是他很龟毛，谁知道我觉得好、朋友觉得好、网友觉得好的餐厅，他是不是也会觉得好？所以，每周找餐厅对我来说，也成为一种心理压力，每次用完餐，我都像是等着教授说过关或是被批的学生般战战兢兢。

印象最深刻的是最后一次跟他吃饭，因为那次之后，我就突然清醒啦！

那天我订了某间知名川菜馆，很老字号，之前我跟家人和同事去吃过，都觉得不错。进了餐厅以后，点了几道招牌菜，上菜后，我看他吃得挺香的，没过多久，一碗白米饭就要扒完了。我庆幸今天应该考试过关，就跟服务生说："麻烦再来一碗白米饭。"

没有想到，我这么一说，魔王立刻放下筷子，然后冲我大吼："你叫什么白米饭？"我当然又是呆住了，叫白米饭是哪里不对？我小声地说："因为你这碗不是快吃完了吗？可是还有很多菜，我想你应该会想要第二碗。"魔王立刻在餐厅的客人和员工面前，毫不留情地开骂："我如果要白米饭，我自己会说，你干吗做这么无聊的事情？更何况，我刚才就觉得这家不好吃，是看你面子才勉强吃，我根本没有打算要叫第二碗！"当下我真的是窘到无地自容，餐厅的客人和员工也以同情的眼神看着我，我强忍着眼泪和委屈不敢哭，因为哭会被他骂得更惨。

魔王觉得很扫兴，就跟服务生说："打包！"（奇怪，不是嫌不好吃吗，竟然还打包？）然后我们就离开了餐厅，他气呼呼地往前走，我还是跟在他身后。那个时候，看着这个男人的背影，我突然醒悟："我到底在干吗？我为什么要忍受这些？连我爸妈都不会这样对我，我真是疯了，我何必忍受这些！"

想清楚以后，我立刻躲进旁边的店家，关机，让他找不到我。我跟店家说："借我躲一下，我男友要打我。"店家很好心，让我躲了十分钟，我确认他没有回头来找我之后，才小心翼翼地离开，回家以前也仔细确认过，他没有在门口堵我才进门。那天回家以后，我的印象很深刻，有一种重生和解脱的感觉，因为我终于认清“这个男人一点儿都不爱我，他只爱他自己，而能够救我的人，只有我自己！”

请大家记住：**这种类型男人的重要特征，就是平常人不会生气的点，他会生气；平常人会生气的点，他会暴怒。**

6. 魔王不知道为什么，对食物的怨念特别强，有一次在他潜水以前，刚好我生理期想吃巧克力，就在便利商店买巧克力，打算趁他不注意时赶快吃掉。没有想到，时间没有掌握好，被他发现我在嚼东西，他立刻问：“你在吃什么？”我回答：“呃……巧克力。”魔王：“哪来的？”我：“刚才去便利商店买的。”魔王：“你这个自私的女人，偷吃巧克力不跟我说。”我：“你不是不喜欢吃甜食吗？”魔王：“这是两回事，我不高兴的是，你买东西没有想到我，就算我不喜欢吃，你也应该问我，就这样偷偷吃掉，你这个自私的女人！”

之后不用说，魔王又狠狠数落我一番，还说晚上按摩要加码到两小时，当作补偿他的“心灵创伤”。（这种类型男人的另一个特征是，好像他的心灵最脆弱，一点儿小事都会被他认为是巨大打击，最好每个人都顺着他，正常男人怎么可能跟女友计较巧克力？）

7. 他跟妈妈关系不好，总是说妈妈对他很坏，但是我跟他妈妈实际相处以后，觉得他妈妈很好啊！我去他家里住，他妈妈都会切水果给我们吃，也经常做饭放在厨房让我们自己吃，但是他妈妈很怕他，根本不敢跟儿子说话。有一次，我问他为何要这么讨厌妈妈，他说：“因为小时候我被她打得很惨，还罚我面壁。”依照他的口气，我以为他是小时候每天被打，养成偏执型人格，但是有一天，我趁他不在去他家时（我跟魔王交往虽然只有半年，分分合合十几次，有几次我会趁他不在，去他家把我的物品拿走），发现他妈妈在客厅哭，我就跟她聊天，才发现他妈妈根本没有故意虐待小孩儿，哪个小孩儿不会调皮捣蛋？她只是在魔王小时候，因为他跟其他男生打架，还把对方打伤，妈妈觉得不可以这样，就狠狠教训他一顿，还罚他面壁反省。

就是这样一件小事，他记恨几十年，对妈妈始终很冷淡，竟然还跟我说，他妈妈心机很重，会故意讨好他。（这是哪门子歪理？妈妈爱儿子是天经地义吧？怎么会变成“故意讨好”？）我还记得那天我跟他妈妈互相安慰，都说：“真是委屈你啦！”（再次强调，跟妈妈关系不好的男人，对女人的观感也会扭曲，但是关系太好也有问题，就是俗称的“妈宝”。男人和母亲关系太恶劣或是太依赖，都是不正常的。）

8. 又是对食物的怨念，有一次到他家以后，他妈妈切水梨叫我们吃，我就端到楼上，魔王正在忙，说他等一下再吃，因为我很喜欢吃水梨，不知不觉半盘都被我吃完了。魔王看到被我吃掉半盘，非常生气地说：“你这个没有义气的女人，只剩下几片给我。你只顾自己吃，很自私耶！”其实，我有注意要留给他，但是没有想到他还是生气。（正常男人会因为水梨而发飙吗？要是我老公一定会说：“老婆，你喜欢吃，都给你吃。”抱歉，允许我自我曝个光。）

9. 前面有提过，他养很多海水鱼，但是从他对那些鱼的态度就可以看出他把拥有的东西当作是“物品”而不是“生命”。记得有阵子他特别迷神仙鱼，神仙鱼真的很美，颜色十分华丽，但是价钱也非常不可爱，看品种及体型，多数都要好几万。有一次，魔王买一只女王神仙鱼，上下都有长长的尾鳍，通常尾鳍长得越漂亮价格越贵。

然后很可惜的是，跟其他鱼养在一起，其他鱼都会去咬女王神仙鱼的尾鳍，这样就会越来越短，越来越不漂亮，尾鳍也变得斑驳，但这是必然现象，它还是一只很漂亮的鱼，不是吗？但是，自从这只女王神仙鱼的尾鳍越来越短以后，魔王就开始每天诅咒它赶快死，因为神仙鱼同品种一缸不能养两只，听说它们有地域性，后来那只都会厌食而死（不要考我海水鱼知识正不正确，这不是本文重点），魔王因为这只神仙鱼的尾鳍被咬，想买一只新的神仙鱼，可是毕竟它很贵，他不可能自己“处死刑”，所以每天诅咒它赶快死，他就可以买一只更漂亮的女王神仙鱼。

过了两个月，真是“皇天不负苦心人”，那只女王神仙鱼真的被他诅咒死啦！我认为，凡是有生命的物体，不管植物或动物，都会读取人类的心念。科学家也做过实验，每天对植物骂脏话，植物就会迅速枯萎，何况是动物？（我每天都跟龟宝说，他是全世界最可爱的乌龟，说妈妈最爱他，所以龟宝才这么健康可爱。）那天，我看到女王神仙鱼死了，真是说不出的伤心难过，他看到我难过，还高兴地说：

“干吗难过？你是想说这只好几万很可惜吗？哎哟，再买一只更漂亮的就好啦！”

魔王完全不知道，我难过的是一个生命，而且我真的觉得那只女王神仙鱼是被他诅咒死的，自从它“越来越丑”以后，他每天看到它，就会说：“怎么还不死？变这么丑，我看到就生气！”（又不是它愿意被咬）那天，我更深刻感受到魔王的可怕，我简直可以把那只女王神仙鱼的遭遇替换到我自己身上。如果我继续跟魔王在一起，绝对会未老先衰，被他这样虐待，怎么可能维持青春美丽？有一天，他是不是也会诅咒我赶快死，让他可以换一个更年轻漂亮的老婆？我觉得这是绝对会发生的事！

10. 每次他去潜水，我都要充当助手，潜水要带的装备真是不少，回家以后，也要把它们从后备厢拿出来，搬到楼上清洗。记得我唯一被打的经验，就是在某天潜水结束回家之后，魔王又喝令我把后备厢的潜水装备赶快搬到楼上，刚好那个时候我的手机响了，但是我不敢接，因为魔王不能等。就是这样大概耽误一分钟，魔王回到楼下门外，看到我还在慢吞吞地拿装备，就直接把后车厢盖往我身上用力打下去。我当场不仅被吓到，而且也感觉到很痛，但是魔王很生气地说：“拿个装备也慢吞吞的，车子停在门口会挡到邻居，你知不知道啊！笨手笨脚的，这么简单的事情，也要磨蹭半天。”我当然很委屈，但是逆着他，可能当场会被打，只能忍住泪水，赶快把装备搬上楼。

为何我只被魔王打一次？因为我的个性本来就不会逞凶斗狠，简单地说就是没种怕被打。所以只要魔王作势要打我，我就会立刻道歉示弱，我觉得女人不必跟男人逞英雄，怎么比力气就是不如男人啊！而且，我非常爱美，胜过所有事物。我最怕他打我脸，所以只要能避免被打，暂时委屈一下是值得的。

还有就是，我毕竟半年就逃出魔掌，心理学家都有证实，言语暴力必定会进展到肢体暴力，若是继续跟魔王交往下去，我被一天打三顿也是迟早的事情。

但是，他的前女友没有我这么机灵跟胆小，魔王说前任是脾气比较刚直的狮子女，经常跟他硬碰硬，也被他“教训”过很多次。可怕的是，他在讲到前女友被他打时，是沾沾自喜的模样，而不是觉得自己应该反省，就表示他根本不觉得打女人不对，而是认为“不听话就要打到她听话”。

11. 跟他在一起半年，我心力交瘁，也被每天繁重的例行公事拖垮身体，所以经常感冒或发炎，如果我把感冒传染给魔王，又是被一顿臭骂:“难怪我最近觉得喉咙怪怪的，就是你传染给我的，都是你害的。”

正常男人不是应该心疼女友生病的吗？但是那个时候我生病，也有一个附加好处，就是魔王怕被我传染，会“恩准”我回家养病几天，不用去他那里做劳动服务。因为这样，我甚至认真地考虑过，要不要一口气生个重病，也许就不用再去他家照顾他，还可以趁机分手，因为“我没有利用价值”了。

12. 最可怕、最经典、最不堪的就是帮他洗内裤这件事情，所以我留到最后来说。魔王的肠胃不好，只要吃到不干净的食物，就很容易拉肚子，所以经常吃完饭以后，都要忙着找厕所。有一次，魔王在开车回家途中，又发现不对劲儿，但是沿路没有干净的厕所可以用（有洁癖又龟毛的魔王，不能忍受不够干净的厕所），所以魔王一路狂飙要赶回家，但是没有想到，在到家的前一刻，他憋不住了，有一些黄金先生沾到了内裤上。

一般正常来说，反正只是一条内裤，扔掉就算啦！但是魔王却故意要“考验我的真爱”，要求我帮他洗那条沾有黄金先生的内裤，我当然是千百个不愿意。这个时候，魔王祭出所有危险情人的必杀技：“你不愿意做，就是不爱我。”我说：“内裤那么多，不差这一条。”魔王说：“可是你愿意帮我洗干净，我就可以省下一条内裤的钱。”反正魔王型男人最会硬磨，死的都能被他说成活的。

故事的结局是：我乖乖地去洗那条沾有黄金先生的内裤，心里满溢着委屈，想说为何我要做这种事情，才能证明我爱他？而且我根本不爱他，我只是怕他，非常非常怕，怕到只要能不再惹他生气，我都会尽力让他满意。

内裤洗好以后，魔王龙心大悦，觉得我连这么不堪的事情都愿意为他做，可以证明我真的很爱他，但是他不知道的是，那件事情让我原本或许真的有几分爱他的心，瞬间凉掉一半，因为我觉得他完全没有考虑我的感受，只是站在他自私的立场，觉得如果我能够“忍人所不能忍、吃人所不能吃的苦”，才是真的爱他。

坦白说，我接过这么多咨询，很多女人也会用同样的标准去要求男人，提出一些离谱的条件，说要是你爱我，你就不会出差，而是在家陪我；说要是你爱我，你就会抛下爸妈陪我，因为我更重要；说要是你爱我，就要跟所有女性朋友断绝关系；说要是你爱我，即使再忙，也要每天打电话，每条信息都回，记住每个纪念日，无条件把每个休假都给我！

我敢说，很多公主病看到这里，搞不好还会说，男友要做到这些不是理所当然的吗？不！这不是理所当然！在我看来，唯一理所当然有资格要求的只有交往时要忠于彼此，其他的规则都在“大家商量讨论”的范围里，依照每对情侣的状况，应该多久见面一次、应该多长时间通一次电话等私生活方面的安排都要双方一起去讨论出共识，而不是任何一方说了算的。

逼迫对方遵从自己的价值观不是爱！爱是将心比心。就算你闲到每天在家看电视，可是你的他不是。他有自己的事业、生活、亲友，你应该体谅他在认识你之前，这些事物对他也是同等重要。魔王这类型的情人，无论男女，就是欠缺同理心，整个思维只放在怎么把情人改造成自己想要的模样，你能为他忍受多大的痛苦，完成多少不可能的任务，才可以证明你是真的爱他？最好是把心挖出来放在他手上，为了得到他的爱，不惜一死。这样的爱，太扭曲啦！

在博客分享魔王故事以后，我也陆续接到许多咨询，都是跟魔王交往过的女性（我很庆幸，是交往“过”，不是交往“中”），其中我印象深刻的是，这些女孩儿有的因此丢掉工作，暴瘦十公斤，生理期混乱，罹患抑郁症；有的以为交到金龟婿，可是这个金龟婿每天伸手要钱，还说女孩儿不给他钱，就表示她是拜金女郎，唯一证明她真心爱他的方式就是交往以后，所有费用由女孩儿出，还要额外给他零用钱。最扯的是，一个女孩儿被毒打好几次，还相信魔王会悔改，因而放弃了更好的追求者，谁知道魔王还是怀疑她劈腿不忠而逼她堕胎。（女孩儿条件好，导致追求者众多，难道也有错？）

真是人间惨剧，但是这几个女孩儿，却不约而同地问我："老师，他真的不会变好吗？""老师，要怎么做，他才会后悔这样对我？""老师，虽然我知道他很可恶，但是我还是很爱他。"

我真是无言……

大家都听过"放下屠刀，立地成佛"这句话，如果你问的是概率，我当然会说："我不能确定这类人百分之百不会改变，可是概率太低了。"青春是女人最大的资源，消耗不起，你要花多久时间去期待一个也许永远不可能会出现的结果？如果是我绝对不愿意，跟大家讲过这个道理很多次，好的关系不仅是一加一等于二，还可能是一加一大于二，可是当一个对象只会消耗我们的生命，加重我们的负面能量时，他就跟癌细胞一样，是在啃噬我们，别说等于二，跟这种人在一起，连生命都迟早会被毁灭。

所有女人都应该有一个认知，我们要把日子过好，不是非得要男人不可。应该说，如果你需要生命中有个男人，你可以有，但是这个男人的角色未必要是"你认真想结婚的另一半"，你可以不想结婚而有暂时的过客，你可以不想认真而有许多玩伴，你可以不想恋爱而有许多异性知己，你可以生命中有男人，可是这个男人不要是个会虐待你和害惨你的人，在你真正想清楚自己要和怎样的男人“共度一生”以前，没有人能够强迫你认定这个人就是终点，除非你愿意！

我当然清楚我的文章会威胁到男人，因为都是在教育女人应该如何变得强大，不被某些低能男人的“愚蠢政策”所控制（就像古代君主怕人民有知识会起来反抗一样），那些男人都觉得女人就是要听话顺从越笨越好，我却要跟大家说，真正的好男人完全不会在意他的女人独立、自主、坚强、有想法，而且我真的找到这样的好男人了，还没有绝种。

其实我即使感情坎坷，但是大家信不信，我还是经常觉得我的命很好，因为曾经交往过的这些无论花心或劈腿的家伙，分手以后，我有时候也会觉得，比上不足比下有余，可能我的个性本来就比较豁达，都会用“至少他没有把我卖到国外”“至少他没有让我负债”“至少他没有害我被黑道追杀”“至少他没有传染性病给我”的理由来安慰自己，至少我遇到的这个不是大奸大恶之徒，只是会犯一些很多男人都会犯的错的“一般男人”。

可是这其中有个差别，就是我不会用这些“至少他没有……”当作我留下来的借口，因为这些“至少”就跟我不小心看了庸医，害我没治好病一样，知道这是庸医的时候，你就应该离开，但是你如果不离开，还把性命交付给庸医，盲目地认为他比其他庸医好，因为他还没有医死人，那你就等着做他的头号牺牲品吧！

太多跟危险情人在一起的女人，都把比上不足比下有余用错了地方，如果你今天比的是“别人被打断肋骨，你只是被呼巴掌”“别人被打到住加护病房，你只是肋骨断掉”“别人被打死，你只是住加护病房”，那么你应该知道，那些“先烈”的下场，就是你的未来。危险情人的控制手段会渐进式加强，他觉得骂不听，会骂得更用力，要是骂已经无法让你听话，他会开始动手，而且动手也会从徒手到用工具，让你从轻伤被打到重伤，从重伤被打到残废，从残废被打到死亡。

而且很多女人会有一个疑惑，就是：“我只要乖乖听话，不就没事了吗？”

这样想你就大错特错了！

跟有暴力倾向的人交往的女人，最后都会让自己越来越言听计从，以免被骂被打，但重点是，你面临的是一个无解的问题。危险情人个性上最主要的特质是：贬低你证明自己对。只要你跟他的关系继续存在，他就会经常贬低你来证明自己对。为何他要证明自己对？为了控制。（另一种危险情人会反过来贬低自己，对你进行情感勒索，但这同样是控制。）

拥有这种人格的人，都有强大的优越感和统治欲，他们认为高等人类可以“奴役”低等人类，所以要奴役我们，就要证明他比较“高等”。更何况，这个优越与否的评分标准是他自己制定的，如果你的学历比他高，他可以批评“你们这种高学历的人，眼睛都是长在头顶上，我不是那样的人”，“暗指”他道德上优于你。如果你赚的钱比他多，他也会说“这个世界上，就是有人以为多赚几个钱，就有资格大声说话，我不会以赚钱的多寡来衡量一个人的价值”，“暗指”你多赚几个臭钱，不要觉得自己了不起，顺便提升自己。如果你比他年轻，他也可以说“你们年轻女孩儿就是脑残没有知识，这么简单的事情也要我教，我又不是保姆”，把你的年轻贬低为幼稚。如果你年纪比他大，他更有许多素材可以发挥：“你知不知道，不是我好心不介意你年纪大，你们这个年纪的女人早就没有市场了，小孩儿都生不出来，谁要啊？你真的应该感谢我！”

总之，就算你是等级最高的钻石，他都可以挑得出瑕疵啦！（闪到眼睛很痛，也是一种瑕疵。）

现在大家头脑比较清晰了吗？每个这种类型的人都好像当过辩护律师（律师朋友抱歉，只是举例），超会为自己开脱，超会制造对我们不利的说辞，再配备强大的自傲（是自卑引发的假自信），以及没日没夜的洗脑，内心不够强大的女人，很轻易就会被操纵，而且你怎么“听话”都没有用，让我再举个例子，让你们清醒一点儿：

就拿泡茶给他喝这件简单小事来说，你可能觉得不过就是泡茶，听话泡茶还会被刁难吗？

会这样想的你，我很羡慕，你没有遇到过真正的坏人。

魔王型男人的操纵机制是这样运作的：心情好的时候，他可以不说什么，但是当他想要“调教”时，他绝对有办法调教。比如，可以嫌你泡茶泡得太慢、可以嫌你茶叶买得难喝、可以嫌你用错茶杯、可以嫌你水的温度太冷或太热、可以嫌你端上来时洒出几滴、可以嫌你笨手笨脚。

如果以上这些，你都已经“改善”，以为做得完美无缺，应该不会再被刁难时，那你就大错特错了！

只要他愿意，随时可以编造出一连串的罪状嫁祸于你，文字狱绝对是这班人弄出来的。例如，他还是可以说茶很难喝，如果你反驳说，自己都是依照 SOP 标准作业程序，茶叶是顶级的，水温已经测量过，也遵守他所说的，泡到一分三十秒最好喝时，倒到茶杯里，茶杯也是用他指定的专用杯，应该每个环节都没有出错啊。

此时，魔王就会咆哮说："所以，你是说我的味觉有问题啰？你自己喝喝看，难喝死了！"

然后，你会被他的气势镇住，你可能胆怯地接过茶，喝了一口，觉得没有不妥，泡得刚刚好，接着说："我觉得……很……很好喝啊！"

此时，魔王会骂得更大声了："你这个味觉白痴！叫你帮我泡茶，就是一个错误，我竟然叫个味觉白痴给我泡茶！"

所以，就在完全莫名其妙的状态下，你觉得一切"仿佛"都是自己的错，然后你就会认错，承诺下次会更小心，会做得更到位，会努力满足他的要求。

你们明白了吗？无论你做得有多好，都没有意义，因为他就是要用贬低你和刁难你来弱化你，让你越来越甘于被他操纵。所以，谁对谁错根本不是问题重点，跟魔王也完全没有道理可以讲，你越乖，只会让他觉得你更好调教，他会认为刚开始只打算训练你转皮球，现在看来，可以训练你跳火圈（接着当然就是走钢索）。

最后是补充分手过程的“幕后追踪”：

回到我的故事里，前面提到，某天吃饭被魔王刁难以后，我就清醒了。自从那天以后，我就不敢跟他联络。虽然，跟魔王交往只有半年，分分合合没有二十次也有十次，每次都是大同小异，就是他因为小事而生气暴怒，我就会很委屈地说：“既然我做得这么差，干脆分手吧！”魔王也会狠毒地叫我滚，我当然就是听话赶快滚，但是过了几天，他一定会来求和，有时候在我家楼下堵我，有时候在我公司外面堵我，我因为怕当场吵架更丢脸，所以都会答应复合，也是因为这样，总是处于想断却断不掉的痛苦中。

这段时间，魔王用来贬低我的招式还包括经常提到前女友，就是我之前那个狮子女（他们交往四年多）。他不是夸她比我瘦但是胸部比我大，就是夸她厨艺高明不像我什么都不会，要不就是夸她很细心不像我很白痴，反正总是借题发挥，就是要说我比不上前任啦！

魔王也会毫不避讳地拿出相册来回忆前女友，完全不在乎我的心情，经常说到他们去哪里玩，感情很好，他爸妈很喜欢这个女孩儿……

我当然听得生气，也会说：“她既然那么好，你们怎么还会分手？应该早就结婚啦！”

讲到这里，他通常会有些语塞，但是都会敷衍过去，不是说有各种问题（但是不说是什么问题），就是说在一起太久没有感觉（不是说很恩爱吗？），最后甚至扯到他爸爸住院时，那个女孩儿都没有来探望，让他很心寒（后来我问狮子女，她说已经分手，当然不会去探望）。

甚至有一次魔王说漏嘴，为了证明他对前女友真的仁至义尽，他说：“当初要拿掉小孩儿时，我还带她去诊所，要医生给她用最好的堕胎药，不要伤害身体留下后遗症，你看我对她多好！”

我听了立刻疑问道：“可是你们不是感情很好吗？有小孩儿就要结婚生下来，这样才合理吧？”

魔王又想转移话题：“唉哟，我不知道她是怎么想的，是她坚持不要小孩儿，她不喜欢小孩儿。”

“你不想跟她联络吗？她那么好，你不想挽回吗？”

魔王却说：“说到这个，我就很生气，那个女人真够冷酷无情，分手以后就搬家，连电话号码也换掉了，真是一个忘恩负义的婊子！”

这件事情过后，我止不住心头的疑惑，就开始想：这都是他的一面之词，如果我能问到狮子女本人，真相可能跟我听到的版本完全不同！（福尔摩斯上身）

也是上天保佑吧，连魔王都找不到狮子女的联络方式，竟然被我找到啦！

我找得到狮子女，是因为我够聪明（我从来不否认，我的小聪明很多）。有一天，我趁魔王不在家时，翻箱倒柜找线索，被我找到狮子女的保单。保单上不是有负责承办的业务员的联络方式吗？我就打电话给狮子女的保险业务员，跟那个小姐说，我是狮子女的高中同学，在一个偶然机会中，知道她是狮子女的保险业务员，我跟狮子女很久没有见面，很想念她，可以请她把我的手机号码转告狮子女，请狮子女和我联络吗?

其实我这样做只是赌一把，因为我知道，跟那个保险业务员要狮子女的电话，她绝对不会给，因为要保护客户隐私。所以，我先把自己的电话号码给对方，降低对方戒心，而且打不打，由狮子女决定，她拿到电话号码不打，也是她的选择，要是她真的怕是诈骗，也可以用公共电话打，万无一失。

本来觉得概率渺茫，没想到过了几天，我真的接到狮子女的电话了!

电话接通，狮子女直接问:“我的保险业务员给我这个电话，听说你是我的高中同学? ”

我立刻说:“××× 小姐，我不是你的高中同学，我是 ××× 的女朋友。”

狮子女听了没作声，好像有点儿被吓到了，我马上说:“你不要担心，我找你是希望你帮我，不是要害你，或是找你麻烦。”

我接着说:“××× 太可怕了，我跟他在一起的每一天都跟在地狱里一样，我想知道你是怎么撑过来的，又是怎么跟他分手的，我试了好几次都分不掉，他都会来纠缠我。”

狮子女听到我这么说，逐渐卸下戒心，她跟我说，自己现在是用公司电话跟我讲，所以不能讲太久，但是有问题我都可以问她。

于是，我大致叙述了一下自己跟魔王怎么认识，并交往至今发生的恐怖遭遇，狮子女说我遭遇到的处境跟她的完全相同，这个男人根本没有改变!

狮子女接着说，其实交往到第三年，她就决心要跟他分手，后面一年多只是在拖，看能不能等到他比较可以接受的时机分手，也在等他如果劈腿，她就可以合理分手，不必害怕被报复。不幸的是，没有等到他偷吃，反而她却意外怀孕了。

“真的很衰。”狮子女说，“但是，我那个时候就想，无论如何，我都不要他的小孩儿，也不要因为小孩儿，被他绑架一辈子！”

狮子女说，因为已经决定要拿掉，就骗他说自己不喜欢小孩儿，即使生下来也不会带，魔王因为怕麻烦，只好让她把小孩儿拿掉（危险情人最在乎的是自己的利益不被侵犯，基本上没有任何父爱）。

“我已经结婚两年，老公非常疼我，也生下了孩子，我现在非常幸福，每天都庆幸自己有勇气离开他。”

我接着问：“所以……你后来提出分手，他同意了？”

狮子女说：“怎么可能？他怎么可能放过我？在一起四年多，我被他训练得这么好用，他怎么可能放弃？那个时候，我很认真地跟他提出分手，我铁了心，他来硬的来软的都没有用，最后竟然威胁要对我的家人不利，我的家人是开店的，店在哪里他都知道。他还恐吓我，知道我哥哥在哪里上班，要他小心点儿。”

我说：“天啊，这也太低级了吧？真是没有水平！后来呢？你怎么解决的？”

狮子女说：“也谈不上解决，我回去跟家人说，我遇到疯子，很对不起大家，也不知道怎么办。本来想报警，可是他没有直接犯罪，我害怕刺激他反而更糟糕。所以，家人一致同意，把店收了，然后搬家换电话，我和哥哥也把工作辞掉或是调职，让他找不到。”

我听到这儿，整个人傻了，说：“哇，真是大工程，幸好家人都很支持你，我不知道会不会也遇到这种事情，希望不要。”

然后我说：“真亏他讲得出口，我跟他在一起时，他开口闭口就是你们很恩爱，现在看来，都是他自己认为的！”

狮子女说：“你也是过来人，哪个女人跟他在一起，会真的觉得幸福？他根本是神经病！我有时候做噩梦还会梦到他，也不敢跟老公提起他的事情，一回想起来，就怕得发抖。”

最后，我谢谢狮子女跟我分享亲身经历。我跟她说，现在我更有勇气，也确定我绝对要离开魔王，我祝她幸福，我知道跟魔王分手以后，我也会得到幸福！

然后，经过和狮子女前辈的详谈以后，我理清出几个事实：

1. 魔王讲的都是屁话，不必相信他的说辞。

2. 这个烂人不会改变，把交往四年多的好女友逼走，竟然还不知道反省，持续用相同方式来对待女人，没有救啦！

3. 如果不是魔王主动要放手，下场可能会很惨，要看看有没有方法让他放弃我。

之后，我还是没有办法立刻摆脱魔王，但是也想出几个“备案”（大家当笑话看吧）：

1. 要不要捏造我有 AIDS？让魔王怕死，就会跟我分手。**——不行，要是他要看检验报告怎么办？**

2. 干脆说我家负债上千万，不想拖累他，所以分手是最好的选择。**——不行，魔王应该会说，我家的负债是我家的事情，跟我做他的女佣没有关系，我应该做的还是要做，一件都不能少。**

3. 或是说我有道上的朋友，如果不肯分手，就要他好看。**——这个途径，我有“很认真”地想过，因为我真的认识一个号称已经从商的大哥，但是拜托大哥这种事情人家会接受吗？所以这个被我列为是逼不得已才会用的压箱宝。**

4. 还是开始让自己经常生病，搞得身体很差，没有利用价值？**——但是，我本来就被魔王搞得很虚，这招用下去，不知道是他先走，还是我先挂。**

5. 请侦探帮我找正妹勾引魔王，塑造出偷吃外遇的事实，借此跟魔王分手。**——那要花一笔钱，又不见得会成功，也不能拜托朋友帮忙，要是害朋友变成替死鬼就抱歉啦！**

所以，我先用“假意逼婚”的方法来测试，我当然百分之百不会想嫁给魔王，但是如果他也不想娶我，或是暂时不想结婚，也许可以借此分手！

因此，我故意跟魔王说，我年纪也不小了，爸妈很希望我跟男友要是交往稳定，可以今年或明年结婚，可是我觉得自己是很笨、不受教、表现差的女友，他应该不会想跟我结婚吧？

殊不知，魔王立刻一副很得意的表情说：“不错嘛，你还算有自知之明。不过，经过这几个月的训练，虽然你天资愚钝，但是看得出来有认真学习，也有进步，所以我决定给你一次机会，年底以前看你表现，还是有可能跟我结婚的。”

救命啊——

这个不是我要的啦！我原本是希望魔王会批评我一番，说我这么烂怎么娶，就可以借机脱身啊！谁在跟你要奖赏啊？没有人觉得嫁给你是无上的光荣啊！

这招失败之后，暂时想不到其他方法，只好继续行尸走肉地过着被虐待的日子，直到前面写的川菜馆发飙事件，我算是真的受不了也不管后果了，反正先逃离现场再说。

那天逃离神隐以后，大概是菩萨眷顾，以往魔王过没几天就会埋伏在我家楼下或是公司门口堵我，没有想到这回却一个星期也没有出现，我就像死刑犯被特赦，而且心里暗自祈祷，以后要行善积德，请不要再抓我回监狱。

一个星期以后，事情终于有进展了，魔王写了一封信给我，寄到我公司信箱里，看完那封信，我只差没有吐血而亡了，因为整封信就是在数落我的“十大罪状”！

魔王开头先说，其实他知道我躲到附近店里，只是他也很心寒，就干脆不理我。之后的几天，他越想越气，也越想越觉得，既然我这么不受教，就不要在一起，可是他还是必须告诉我，身为一个女友，我有多么不合格，接着他就列出“他认为”的罪状，包括：不识相、神经大条、不会讲话、很白痴、没有义气、不会察言观色、电动打得很烂（这个也算？）、没有上进心、反应迟钝、对他付出不够……

我……我……我……我真的要气死啦！

当下第一个反应就是写信骂回去，但是我写到一半突然冷静下来，脑海里有个清醒的念头闪出来：会没完没了。

我要跟他没完没了，像打乒乓球一样，辩个不停吗？

我不要，我要的是让这个人消失在我的生命中，再也不要出现。

所以，我决定“以德报怨”，这也是我第一次写“最初和最后的情书”（详见拙作《天下女人都会犯的错》之“错误19”），内容大概是说：我对于他的这些指责都承认，我觉得我是个极差的女友，不适合也没有资格跟他在一起，而且我真的累了，就算他的要求我能做得到，可是我不想做，因为我就是这么“不识相、没有上进心、反应迟钝”，无论学多久都不可能学得好，我的能力不足，所以请他放弃我吧！

除此之外，我还给他灌些迷汤，大概就是最后情书里提到的，怀念一下跟他的甜蜜记忆，称赞他是个很好的男友（虽然心里完全不认同），感谢他教会我很多事情，我有真心爱过他，觉得很值得……

因为我最拿手就是写文章，而且整封情书也不是都在骗人，我的确有爱过魔王，才可以跟他撑半年。在写最后情书时，我只是把当时的感觉再调出来回味，有点儿像是把电影倒带去看你想看的片段，所以我当时在公司边写边哭，同事应该都觉得我是失恋吧（说是失恋也正确啦）！

写完最后情书之后，我自己看了几遍，觉得感人至深，就心满意足地寄给了他。

过了三天，他回信了，而且不再指责我，并说他看完信以后，也很感动，觉得我是个好女人，只是我那些缺点，真的要改进（还是要说教)。他也同意，既然我觉得累了，就分手吧，他也不想再勉强我，甚至还说，虽然我们只在一起半年，但是我带给他的快乐回忆远胜过交往四年多的狮子女，他会记得我的好，也祝我能遇到一个接受我缺点的男人。

看完他这封信，我也是很感动，这算是鳄鱼的眼泪吗？也不禁对我有能耐打动恶魔的心而称赞自己一下。到那个时候，我终于觉得我跟他分手了，心里的负担放下了，觉得很轻松，也庆幸自己这样做，证明善念及真诚还是可以打动人心的（前提当然是他还有那么一点儿良心啦)。

后来，魔王没有再来找我或是打电话给我。大概过了三年以后，我朋友的前任又联络她，魔王也是在彻底分手三年多以后，突然传信息问候我。

那条信息的内容大概是：你最近还好吗？我是 ××× （魔王昵称)，最近经常想起你，想知道你过得好不好？结婚了没？有空回我电话，想请你吃饭。

不夸张，我读完信息，吓得把手机抛出去，幸好掉在床上没有坏，我怕到像是看到毒蛇一样。

之后我立刻想，怎么办？怎么办？要回复吗？直接删掉吧，当作没有看到，可是他要是打来怎么办？好恐怖，好恐怖……

最后我决定，把他的电话号码先储存设定为“魔王”，然后把信息删掉不要回复，我希望已经过了三年，也许他会觉得我换电话号码，所以没有回复信息，他要是打来，我不要接就好啦！

幸好，魔王没有再传信息给我，也没有再打电话给我，我有时候会接到无声电话，或是没有号码接起来就挂断的电话，但是那些可能是其他的前男友或是前男友的现任神经病瞎疑心女友打来的，所以我不太在意。

这就是整个故事，我必须说自己非常幸运，可以全身而退真的很有福报，但不是每个遇到危险情人的女孩儿，都有我这样的“运气、决心和判断力”，所以发现状况不对劲儿时，请务必要告诉亲友，或是通报专业协助。

大家一起想办法，比你一个人单打独斗强，而且很多女孩儿遇到危险情人恐吓要对家人不利时，都会很傻地“为了保护家人”而让自己继续被控制。其实，这个时候你要想，你比你的亲友弱，你自己本身这么弱，能够保护谁?

更不要有“我一个人牺牲，可以换得家人平安”的念头，如果家人爱你，就不会希望你为了他们的安危而牺牲自己，一个人或许很弱，但是跟家人团结起来，就会不一样（请看狮子女的例子）！

再说，很多危险情人都是“会叫的狗不咬人”，那是一种虚张声势，他不见得真的敢对你的家人不利（是黑道人士或是势力庞大另当别论）。但是要注意，当他发现你越来越不受控制，有外界的支持力量，可以脱离他时，他们很可能会使出最后大绝招：得不到就毁了你，或是玉石俱焚!

所以，想跟这种人彻底分手，真的不能激怒他，最好是尽量贬低自己的“利用价值”，让自己变得越来越“不配跟他在一起”，才比较有机会被甩掉。

我写这篇文章主要的用意不是想告诉大家怎么跟危险情人分手，而是要教大家“如何辨识危险情人”。

预防胜于治疗，请大家要善于观察，觉得苗头不对时，就要赶快闪人，不要等到魔王已经开始训练你时才跑掉，他会觉得血本无归。

更不要觉得用爱情可以感化他，或许吧？但更有可能的是你被打到变成植物人，他在监狱里被感化。

你不是圣人，请记得自己只是渴望拥有健全幸福关系的普通女人，不要高估自己的能耐。

恳切希望所有跟危险情人交往的女人，可以看到我的这篇文章，可以把我的劝告听进去，因为改变这种男人的唯一方法，就是，世界上再也没有笨女人会中他们的招，所以他们最好改变对待女人的方式，不然等着绝种吧！

建议大家多了解这种类型的人，可以参考马莎·史图特博士所著，商周出版的《4％的人毫无良知，我该怎么办？》。提醒大家，无论你的他是不是天蝎座，只要他会以暴力、贬低、恐吓、人身攻击的言语或行为对待你，这种人就不是良人，没有任何继续维系关系的必要，你在他身边多待一天，就是在拿自己的性命、安全、自尊开玩笑！

卡关语录

◎ 吸引男人不只是靠条件，还要知道如何让男人心动。

◎ 说到女追男隔层纱，其实奥妙在于“勾引的艺术”。

◎ 在交谈中认真专注，让他觉得自己是世界上唯一的男人。

◎ 感情要谈得顺利，其实没有复杂方法，关键只有一句话：你可以不要他。

◎ 所有控制型男人的洗脑手段，就是把他的私欲包装成“你不做就是代表你不爱我”，这是典型的情感勒索。

◎ 控制型男人的另一个洗脑手段，就是会经常拿你跟其他女人做比较。

◎ 绝对不能为了男人，影响自己的事业，以及放弃自己热爱的事情！不让你继续活在理想中的男人，丢掉也不可惜！

◎ 所有女人都应该有一个认知，我们要把日子过好，不是非得要男人不可。

◎ 预防胜于治疗，请大家要善于观察，觉得苗头不对时，就要赶快闪人，不要等到魔王已经开始训练你时才跑掉，他会觉得血本无归。

◎ 你不是圣人，请记得自己只是渴望拥有健全幸福关系的普通女人，不要高估自己的能耐。

PART 2

砍掉愚昧无明

卡关8 交往中的对象，无预警人间蒸发毫无音信，继续等他应该会出现吧？

梦洗说：“你错了，你很可能遇到失踪男，等下去只是浪费青春。”

关于失踪男，首先我要为他定义，因为很多女人会小题大做，我经常在做咨询时遇到女孩儿说男友两天没有联络，觉得他是不是想分手。我很想直接往她的脑袋打一下儿！两天？你大惊小怪什么啊？然后这些女孩儿就会很冤枉地说：“但是以前我们每天联络，电话他每通必接，信息每封都立刻就回，几乎每天见面啊，所以我才会觉得他变得不对劲儿嘛……”

拜托，我的小主姑奶奶，你怎么不站在他的立场设身处地地帮他思考？就是他之前那样伺候你害他累到了，他现在电话才会变少，信息才不会立刻回，才会开始跟你说，他想多陪朋友以及做自己的事情，而不是每天跟你浓得化不开。

我觉得大多数认为自己是真男人的男人，应该也是这么想，所以他们才会觉得女人很麻烦，干吗一直要他陪，又要经常谈心事，又要被迫了解她，然后还会经常生闷气，如果我是男人，我也会搞失踪啊！

当然也会有那种很黏人的，喜欢缠着女友不放的男人，但是根据我的观察，这个类型的男人，大多数没有雄心壮志，有的还摆明就是想吃软饭，除非他祖上积德，爸妈已经帮他买车买房了，不然他虽然可以满足你随传随到的需求，但是你最好提升赚钱能力，否则你养不起他，他就会跟贵妇跑掉。我有一个客户真的遇过这种事情，她买房子以后跟男友结婚，但是婚后没过多久老公就有外遇，还坚持要跟她离婚，因为外遇对象要送她老公豪宅和名车。

“有一好没两好”是世间的定律和铁则，就像等价交换一样，高热量食物就是美味，低热量食物就是清淡，要减肥就是要少吃多动，纸片人就是不会有巨乳（如果有，一定是去整形，所以是用钱交换的），每天把时间拿来谈恋爱的男人，事业很少会优越，每天把时间拿来经营事业的男人，必定会忽略感情，这些都是定律，请你牢牢记住，天下没有白吃的午餐。

所以，我对于失踪男的定义是在双方正常稳定交往情形下，有持续而规律的联络，但是男方突然无预警失踪长达三个月以上，才可以叫作他失踪，那种断讯一两天三四天一个月，其实还不能断定他是失踪男。

很多女孩儿自以为的如下情况，都不叫作失踪男：

1. 男友预告过他最近会很忙，有毕业考试、实习、要找工作，家人身体又不好需要他照顾，并且最近经济压力很大……然后开始很长时间都找不到人，你就觉得他想分手，在用渐淡法逼退你。

首先，如果在这之前你们都相处愉快，他没有需要分手的理由啊！倒是你若在这之后开始闹，我敢肯定他会想分手。当男人很明确地跟你表达，他需要时间去度过目前的某个困境，除非你有本事在那个问题上帮助他（例如，拿出一大笔钱，或是帮他的长辈把屎把尿），不然最好就是给他时间去处理，这个时候不去烦他乱他就是最大的帮助。要是在他忙碌的期间，你能把自己照顾好，让他不必分神担忧，你在“适合娶进门”的评比上会加分。

如果你觉得让他自己去面对和处理问题，不知道要等到何年何月，你可以在他要开始忙之前，跟他说：“我知道你之后会很忙，可能没有多少时间陪我，但是你可以安排出一个固定的时间跟我联络吗？或是告诉我，你需要多久时间去把事情处理告一段落，这段时间我都不会去烦你，我会照顾好自己到你忙完的时候，我们再见面。”

如果他这个衰人敢回答：“我也不知道会多久……可能一年，也可能两年……”这种人直接谢谢不必再联络，这种回答摆明是想耽误女人的青春，我们应该很客气地微笑说：“是哦，我想我们应该先分手比较好，让你专心处理自己的事情。”

真的想跟你继续下去的男人会给你一个明确的期限。例如，等毕业考试完，等我实习完，达到今年度的业绩目标（你可以接着问他，多久时间可以达到目标）……总之，一个合理的“可以不跟女友联络相处，让自己专心处理事情”的期限应该都不能超过三个月，若是超过三个月，而且在这段时间里，他完全没有定期报告进度、联络近况、偶尔见个面，你就可以把这个人当作失踪，赶快投入单身市场吧！

2. 上床以后，好几天没有联络我，所以他真的只是玩玩吗？

请参照拙作《天下女人都会犯的错》之“错误5”，学习在上床以前建立正确心态。

男人上床以后就会变得更冷淡，其实是正常的，但是“玩家”跟正常男人变得冷淡的内心想法不同。玩家基本上是美食猎人，他要到处去好吃的餐厅尝鲜，但是除非真的非常美味，不然同一家餐厅他不会一吃再吃，因为还有那么多美食等着他去品尝。玩家型男人的内心想法就是：不吃吃看，怎么知道好不好吃？所以，只要卖相不差的美食（女人），他就会想要吃吃看，也不会停留，因为好吃的餐厅（美女）那么多，要是永远吃这家餐厅，人生多无趣啊？

但是玩家唯一的优点就是吃过以后就会闪人，所以你可以明确地发现他的温度骤降到冰点，完全找不到人或是觉得你很烦。好处是我们也可以赶快死心离开，而且你不死心也没有用，他的胃从来不为任何餐厅停留，即使你再好吃也只是一家餐厅，当他要吃遍世界美食时，你能拿他怎么样？

但是，正常男人为何上床以后也会变冷淡？那是因为发生关系就像小狗撒尿在电线杆上一样，是一个“我得到这个地盘”的重要认证，男人会在追求时患得患失忐忑不安，但是上床以后，他会觉得“阶段性目标达成”，他应该拥有你了，所以会暂时松懈回到正常状态，他的正常状态就是“还没有铆足劲儿追求你之前的单身状态”。

打回原形几天或半个月，正常男人会突然意识到自己有女朋友，就会开始联络你，这个频率取决于他多久想亲热一次，要是他欲望很重，可能在初次上床的隔天就会相约见面，但是大多数男人在初次上床以后，一两个星期以内变得冷淡不太联络，其实都算是正常，请勿过度担心。与“状况 1”相同，要是长达三个月以上，他都不再联络，无论他是不是玩家，你都可以确定自己被玩，应对策略同样是死心，赶快投入单身市场。

3. 他跟你说，你们之间有些无法解决的问题，最好暂时分开让大家冷静思考，但是却一去不回。

这个情况，其实就是天秤男（大多数的天秤男喜欢用渐淡法分手，但是我没有说全部都是）或是任何不想当坏人的男人会说的分手台词，只有你傻傻地觉得冷静之后还是他的女友，他却在心里已经认定这是分手。

无论你们之间有什么无法解决的问题，还是他只是变心或劈腿，想找个理由把你甩掉，男人如果提出这套说法，却无法给你要冷静分开多久的期限，他就是想分手无疑，不管讲得多婉转多迂回，他就是想分手又不想先提出来。

有的男人更狠，他可能会说：“先冷静两个月。”然后等两个月一到，你跟他要答案，他又会说：“我还是没有想清楚，再冷静三个月吧！”就这样一直拖延你的时间，反正男人相较女人来说，没有时间压力生育年限，他要耽误女人青春多久，对他来说都不是问题，只要女人愿意给他耽误，他何必心疼？

看我文章练功的女孩儿们，要有志气更要坚强，男人要是敢这么说，你就要敢这么回答：“我觉得不必暂时分开，你说的那些问题，也不是暂时分开就会自动消失的。这是逃避，不是解决问题的方式，既然这些问题这么严重就代表我们不适合彼此，又何必再浪费时间冷静，我们直接分手吧！”

相信我，男人对于果决的女人都会感到错愕又敬佩，所以你这么说，搞不好他反而觉得，其实那些问题也没有那么严重，我们再试着努力好吗？

所以这个情况也不是失踪男，而是他提分手你听不出来。每个人的个性都不同，处理事情的方式也不会相同，你不能觉得自己是会爽快提出分手的人，就要求全世界的人都要用你的方式提出分手，要是所有地球人的思维都相同，就不会有战争了。做人要务实一点儿，不能活在天真的想象世界中。务实的态度有助于看清现状，然后做出正确判断。

最后贡献三个我自己遇过的真正失踪男案例，咨询客户中有类似遭遇的更是不知有多少，但是我的文章向来不吝于分享自身经验，而且这些事情都过去了，我那心胸广阔度量大的老公不会介意啦（顺便夸他一下）！

以下星座数据仅供参考，绝对不代表这几个星座的男人都会失踪。

我跟A君（金牛座）的故事，发生在我想结婚的年纪，跟A君是相亲认识，原本都有打算要结婚才会相亲，所以看对眼就交往。在交往的第一个月，我就认识A君的同事、好朋友、父母，所以觉得很笃定，应该是会结婚吧！

过了两个月，A君带我出国玩，跟他一起参加员工旅游，你们看，这样是不是十拿九稳？回国以后，刚好是农历春节，不夸张，

A君还把我带去见中南部亲戚，那个时候，我根本就觉得肯定会结婚啊！

而且，跟A君交往以来，一直是他黏我比我黏他多，所以我完全不怀疑他很爱我，但是没有想到，放完年假，前一天我们还很甜蜜，隔天他就很反常地任何电话都没有，之前每天他最少会打两三通，我虽然觉得很奇怪，但不是第一次遇到男人热恋期降温的状况，所以也没有想太多。

但是过了两天、三天……还是一通电话都没有，我终于忍不住打过去，不是忙线中，就是关机，打到他的公司，总机只说他去开会，或是说他不在公司，真的很奇怪。这个时候，我开始觉得他是要甩掉我，但是我自认这几个月的表现很完美，完全不知道我犯下了什么滔天大罪，他要这样急于把我甩掉，就算要分手，不能好好谈吗？给个理由也好啊？

后来，可能是因为我不是真的很爱他，或是我已经习惯受伤，麻木了，我竟然忍了一个月，才开始想跟他要个答案。

因为他还是不接我电话，他家也没有人（我没有钥匙），我觉得晚辈的事情不宜打扰到长辈，所以也没有去问他爸妈他到底怎么了。最后，我打电话给他的好朋友，我跟那位大哥说，我跟A君已经一个月没有联络，请问他知不知道A君到底发生什么事情？就算要分手，也请他说清楚，不要不明不白地人就不见了。

那位大哥很惊讶地说：“什么？你们一个月没有联络？怎么会这样？”我说：“我也想知道啊！”然后，那位大哥承诺我会问清楚后打电话给我。

过了三天，我真的接到电话，大哥一开口就说："你先深呼吸，不要吓到哦……"

我还以为A君是死了或是患绝症了！没有想到，大哥接着说出的是比A君患绝症更让人难以接受的事实："你知不知道，A君在外面有小孩儿？"

"什么？小孩儿？"

"你不知道哦？我还以为他已经跟你说了……"

原来，我这个男友A君有个私生子，而且在朋友之间是心照不宣的秘密。那位大哥说，A君本来想等时机成熟再跟我说，但是没有想到还没有说事情就爆发了。

所谓的事情爆发是指，大约十年以前，A君有个做洗头妹的女友，两个人交往多年，A君一直觉得女方条件不够好，所以不愿意娶她，女方最后就使出先怀孕再逼婚的方法，A君也不是妥协之辈，还是不愿意娶女方，但是愿意拿出几万元给女方堕胎。此时A君犯的最大错误就是没有跟到妇产科确认已经拿掉小孩儿，所以女方偷偷把小孩儿生下来，在一年之后，以为A君看到小孩儿会心软，进行二度逼婚。

没有想到，A君的脖子很硬，还是不愿意娶她，而且女方两度用烂招，A君对这个女人反感到极点，最后看在孩子毕竟是他的骨肉，愿意每个月付几万元抚养费，但是也跟女方说清楚，以后别再干扰他的人生，大家从此各过各的，两不相欠。

事情到这里，似乎也算是获得解决，但是十年以后，那个使烂招的前女友有其他对象，但是新对象要跟她结婚的条件是希望可以不带着拖油瓶，于是这个女人再度使烂招，把已经长大的儿子带去跟A君谈判，希望A君能把自己的亲生儿子接回去抚养，这样她也能顺利结婚。

A君当时已经有我，也很爱我想跟我结婚，况且有这个小孩儿的事情虽然几个朋友知情，但是A君的爸妈始终是被蒙在鼓里，如今怎么可能突然蹦出个孙子，他的爸妈能接受吗？我能接受吗？

因此，A君坚决不同意，再度谈判破裂（我听到这里，觉得这个小孩儿很可怜，爸妈都不要他），这个前女友，就直接杀到A君的父母家，跟A君的父母谈判。

然后因为十年过去了，A君那个时候已经四十岁，他的爸妈早就想要抱孙子，所以这个前女友带着儿子上门讨公道，A君的爸妈反而觉得：哇！现成的媳妇和孙子耶！

后来让大家跌破眼镜的发展是，A君的爸妈觉得反正我跟他交往也没有很久，不如就分手，把这个前女友直接娶进家门当媳妇，现成十岁大的孙子也有了，真是皆大欢喜。

演变成乡土剧情之后，A君不知道应该怎么跟我解释，说明前因后果，也因为他隐瞒我私生子的事情，更是没有脸见我，只好当缩头乌龟。

最后大哥跟我说，A君想要告诉我，他不知道应该如何面对我，也觉得很对不起我，但是他也很痛苦，现在每天被逼婚，他想要逃到外地。

我还记得整通电话听完，我没有哭，也没有生气，错愕和荒谬的感觉凌驾于一切，我说谢谢大哥，挂上电话，开始思索这一切以及这些内容的可信度。

隔天起床，我也不觉得难过，反而是笑了很久，因为真的太扯了。这种八点档的情节，竟然会在我的人生中真实上演！

但是我更觉得“大难不死，必有后福”，立刻找闺蜜出来庆祝。极品！极品啊！我又遇到极品男人啦！

真是感激他的前女友出来帮忙，因为假设我真的嫁给A君，这件事情还是迟早要爆发，而且我怀疑A君根本就打算瞒着我，等到我成为他老婆，依照他这种鸵鸟心态，绝对会把烂摊子都丢给我收拾。

所以，我是不是很好命？可以在婚前就发现他是个没有肩膀，连个理由都不给就打算失踪闪人的王八蛋。

我跟A君从此再也没有联络，我也没有兴趣知道后续发展，因为如果这个故事是真的，我没有闲工夫蹚这趟浑水，如果这是他编来要跟我分手的借口，他也真是太费周章，我没有那么难甩，只要跟我说不爱我，我就会立刻闪人。无论故事是真是假，只是证明他无法面对问题和妥善解决问题。要我跟这种人过一辈子，是自找罪受吧！

因此，遇到失踪男真的不必难过或是想不开，因为会搞失踪的男人就是人格有瑕疵，就是人品有问题。我不知道已经跟大家耳提面命过多少遍了，选男人最重要的就是人品要好，人品不好什么都是白搭！(怎么选好男人，请看拙作《天下女人都会犯的错》之“错误10”)

我以性命担保，这个故事是真实发生在我自己身上，你们真的不能怪我为何能够把爱情看得这么淡，看得这么无所谓，我的感情世界发生过太多匪夷所思的情节，三天三夜都讲不完。

但是我都挺过来了，这才是整个故事最神奇的部分。

有朋友说，也许整个故事都是他瞎掰胡扯的，根本没有前女友和私生子，他只是对我腻了，要找个借口甩掉我，但是我的想法是，So what？不管它是真的故事，还是假的故事，他搞失踪要离开我是事实，难道我要没有自尊地待在一个厌烦我的男人身边？所以，管他的借口理由说辞是怎么样，任何不爱我的男人，我也不会爱他！

第二位 B 君（狮子座）的状况是，他在台中上班，有时候因为公事来台北，就会找我吃饭。这个 B 君，我现在想到还是有气，因为他是一个行事非常不光明正大的人，可能他内心很自卑吧，觉得用正攻法追不到女孩儿，当年我又是个傻妹，不骗我要骗谁？（各位朋友，老师是一路被骗大，才有现在的智慧啊！）

某天，B 君又约我吃火锅，然后吃完送我回家路上说他肚子非常痛，应该是想拉肚子，我很为他担心，就说："怎么办？赶快停下来，找个餐厅上厕所吧？"他竟然回答："我知道这里附近有个适合上厕所的地方。"然后就长驱直入把我拉到一家旅馆。

当时我就被吓到了，问他："干吗来旅馆？你不是肚子痛？"他竟然还可以神色自若地说："这里很好啊，我上完厕所以后，可以顺便洗个澡，这样会更舒服。"我就警告他："你不可以对我怎么样哦！"他也回答："你想太多了，只是上厕所而已。"

后来的下场是，他开了房间上完厕所洗了澡，就光溜溜地出来了，然后就扑倒我霸王硬上弓……

因为那个时候我是傻妹，处于很想结婚的阶段，所以又误把废人当良人，跟他继续交往下去，但是大概上了三次床以后，这个人就销声匿迹了，打他的电话也不接，打到他的公司更妙，他已经离职了，所以看样子，我就是被白玩了三次。

最妙的是，这位B君事隔七年以后，竟然还敢联系我，完全不记得当年他这样耍我，但是他透露那个时候消失的理由，他说自己人生的目标就是找一个能力比他更强的女人，大家可以一起奋斗，创造美满人生（这是靠女人吃软饭的委婉说法），而且他那个时候已经要去上海工作了，所以只好忍痛放弃我（应该是不想被只拿薪水的普通小职员耽误自己的远大前程），之后他去上海，也如愿与一个薪水高他三倍、年纪比他大的女强人交往（这是现实的想吃软饭的男人的吸引力法则的再度验证）。可是因为他的女友个性过于强势（废话，这是等价交换，不然她的事业怎么做起来的），交往两年以后还是不欢而散，他开始后悔并且体会到“小女人也有小女人的好”。

所以大家知道了，烂人就是烂人，过了七年以后，还是没有任何长进，对于他的频频示好，我就回复自己结婚了，老公很爱我，我也很爱老公，请他不要有任何非分之想。这个人完全消失在我的世界，我也是不痛不痒，也没必要做朋友。

最后这位C君是我在博客有提到过几次的天秤男，他真的是很妙，因为他每次失踪，都不觉得自己是失踪，而是觉得自己“最近比较忙”。我经常跟客户分享这个奇葩的故事，因为我第一次跟他交往时，他竟然可以在一年半的交往时间里，跟我见面不到十次，通电话不到二十通，够扯吧？

当时我可以忍受下来，主要是因为他是我跟前面提到的那个魔王分手以后的新男友，看过“卡关 7”就知道魔王是怎么对待我的，所以我遇到这个冷淡疏离的 C 君，就觉得太好啦，都不黏人，给我很多空间，而且他是超级工作狂，所以我很少主动联系他，几乎都是配合他的时间见面。信不信由你，交往一年半的十次见面中，我们从来没有去外地度假或是过夜，他几乎都是在午休时间找我吃饭，然后又匆匆地赶回公司，从来没有完整的时间可以亲密地相处。

一年多过去了，我对他的感觉也变得平淡，因为根本没有机会深入了解这个人，加上交往后期更夸张，已经变成三个月才见一次面以及我没有打电话给他，他也不会打电话给我的模式，所以我觉得算了，就分手吧，于是主动跟他提起，我觉得这样交往下去没有意义，不如分开，他竟然只回答一句“好吧”。

真是省话一哥，气死我了，我就说：“你不想知道我为何要分手吗？”他很敷衍地说：“哦，为什么？”让我气到快要脑出血，我就说：“你难道没有察觉到，我们三个月才见一次面，你也不会打电话给我吗？这样相处下去，我们不可能更了解彼此，有什么意义？”他就说：“很抱歉我让你失望，但是你说得对，我太忙了，还是不要继续耽误你比较好……”

拜托，如果不是我主动开口提分手，你还在继续耽误，话都是你说的啦！

但是分手以后，因为菩萨保佑，在一个非常巧合的机缘下，我知道了真正的原因。某天，我去一对朋友夫妇家，朋友拿出相册给大家看，我在一张看似同学聚会的照片中，赫然看到C君（幸好他的长相完全没有改变）。

我立刻问朋友："照片里是什么人啊？"我朋友说："我老公以前的同学。"我就接着问："这个人（指C君）跟你老公熟吗？"我朋友急忙叫老公过来，我立刻编个说法问她的老公："这个人好像是我朋友最近要介绍给我认识的对象，你知道他的任何信息吗？"她的老公说："我帮你打听一下。"

过了几天，我的朋友回报"不好的消息"给我，据说他有一个交往五年的女友，应该非常稳定，而且他还离过婚，有一个十岁大的女儿，叫我要小心，他可能只是出来找别人玩玩。

真是晴天霹雳，但是这种事情我也不是只遇到一次两次，痛得太多就会麻木，但是心脏也会变得更强，所以我感谢朋友的"情报"以后，开始推敲这一年半的相处，终于知道他为何总是不能在外面多待，总是没有时间陪我，总是电话很少……因为"正宫娘娘"比较重要，他要陪完正宫以后才会有空陪我，我在不知情下成为小三。

反正我已经遇过很多烂人，所以还是只能"收拾心情，投入单身市场"，我也懒得去追问C君为什么要这样欺骗我，没有意义的事情又何必做？他一定会扯一堆烂理由，反正男人这样对待我，也不是第一次。

但是就像B君一样，很妙的是，可能我离开得太爽快，这些家伙几年以后，都会自己回来想要复合，这位C君在我认识我老公的前一年，好像是还债似的又回来了，我当然趁此机会彻底盘问当年他隐瞒我的那些事情，包括他怎么可以不跟我说曾经离过婚，还有一个女儿的事。他怎么可以有女友还来招惹我？但是，这个家伙不愧是天秤男，话术一流啊，关于第一个问题，他说："我们交往还不深，要是贸然说我离过婚有女儿，我怕你会离开我，所以我本来是想等我们更稳定的时候再说。"（四两拨千斤地把责任推到我身上？意思是说，如果我不提出分手，继续被你耽误，有一天你会说明实情？你去骗三岁小孩儿吧！）

关于第二个问题，我只能说他不做律师很可惜，他竟然说："我离婚以后，身份证配偶栏是不是就恢复单身？"我说："离婚以后，当然就是单身啊！"他就说："这样就表示，我可以选择任何女性结婚，你也是其中之一。那个时候，我跟女友经常吵架，已经快要分手了，刚好遇到你，所以我只是想把握机会，也许你比较适合我啊！"

看看，这个人实在太会说话啦！我完全哑口无言，心里知道他在强辩，却不知道应该如何反驳，所以又莫名其妙地跟他复合半年。（也是射手座的好奇心作祟，想知道他到底会玩什么把戏？）

这次复合以后，因为他跟"正宫娘娘"已经彻底分手（他曾告诉我，无论他怎么挽回，女方还是坚决要分手），所以有比较多的时间可以跟我相处，而且不知道是不是补偿心态，对我提出的任何问题，他也算是有问必答，连他会离婚是因为自己有外遇也告诉我，坦白到让我很惊讶。

但是这一次，换我看清楚他，越是了解这个人，越是知道自己不敢跟他过日子，所以当他开始“最近比较忙”，我也不再联络他，他打电话给我，我也是冷淡地响应，C君是个聪明人，大概也察觉到我心不在此，所以他也很有默契地冷掉，我们都没有提出分手，就这样慢慢地失去联络。

这就是我人生中的三个失踪男，其实我希望大家从我的经历中学到的是，会搞失踪这套把戏的男人都是人格不正常，不然就是没有肩膀，或是逃避性格强。我觉得任何一个懂得珍惜自己的女人都不应该在“人格不正常”“没有肩膀”“逃避性格强”的男人身上浪费时间，他要搞失踪，就让他掉到百慕大三角好了，不敢跟我们讲清楚说明白，或是藏着不可告人的秘密，都是一样烂。**所以，重点不在于他为何失踪，而在于会搞出这套把戏的男人，十有八九不值得托付终身。**

所以，你何必去追究他失踪的理由？他一定有很好的理由，但是绝对不会是你喜欢的理由。难道他是去参加健身减肥营，想要变成六块肌肉人鱼线的猛男，给你惊喜？难道他是从事某个高风险行业，可以三个月内捞金百万，买钻戒向你求婚（你应该担心收下钻戒会被关吧）？难道他是某国的王子，要说服父王和母后才能把你迎娶进门？

别做白日梦啦！做人警醒一点儿，才不会被愚弄！

我的原则很简单，不管你是FBI还是CIA，或是拯救世界的幕后英雄，只要你失踪三个月以上毫无音信，我就会当作你真的死在某处，然后收拾心情，投入单身市场，往后即使你突然出现，指责我为什么不等你，我只会说：“你有说过要我等，等多久吗？”

不尊重我的时间的男人，我又何必尊重你！

卡关 9 我很努力经营感情，想让彼此保持热恋状态，他却说压力很大。

梦洸说：“你错了，有时候思考太多计较太多，反而会扼杀感情的自然发展。”

在我跟大家聊过的爱情心法里，到底有没有所谓的“终极奥义”？

我可以很肯定地说，**这个面对爱情的终极心法，只是很简单的五个字：不要想太多。**

“不要想太多”是比较白话的说法，更准确的说法是：活在当下或是维持现状，但是对心灵成长有兴趣的朋友才会知道这两个名词的意义，所以若要以大家能理解的方式诠释，就是不要想太多。

我发现自己有个规律，就是大概三年会有一次大低潮。那个时候，除了脑袋打结自信丧失以外，还会觉得人生无趣没有意义。以前我跟大家一样，也会因为男友追求期和磨合期的落差而暗自生气，也会觉得自己没有得到应有的对待而沮丧不安，也会拿“物质”和“世俗标准”去评断男人的爱情比重，也会跟其他情侣比较而暗自神伤。

但是，自从我领悟了“不要想太多”的真义以后，大多数女人因为天性而会去纠结和计较的部分，对我来说已经无法兴风作浪了。在爱情中，无论发生任何状况，或是陷于任何境地，我都可以迅速调整好情绪，并且回归平静。

以前住五星级饭店才会觉得被宠爱，现在只要干净舒服就好，住哪里无所谓，因为重要的是有他相伴。

以前要去高级餐厅约会，不然就会觉得男友小气，现在觉得便宜小吃也很好，价廉物美，又有许多变化选择，而且他还会担心我没有吃饱。

以前会讲究男友打扮时尚有型，因为希望走在一起般配，现在觉得我想穿什么是我的事情，他懂不懂欣赏真的无所谓，他要穿什么任凭他喜欢，重要的是衣服里的他。

以前会觉得礼物就是越贵越好，不然就是他不够爱我没有诚意，现在他送我一束花或是亲手做的卡片带给我的都是同等的快乐，他的心意无价。

我的意思不是说要无欲无求，也不是说要节衣缩食，这样才是真爱。我想说的是，在有爱的关系里不应该有分别心，他今天陪你两个小时明天陪你一整天，今天吃餐厅明天吃路边摊，有时候去电影院、有时候看 DVD，从游山玩水变成在家看电视，都很好啊！

相处的情节没有上下高低之分，也不需要以此检验爱情的浓度。重要的是，两个人在一起能够自在舒服，自在舒服绝对不取决于这些外在因素，而是取决于双方的感受。

以前的我，会为了做个模范女友，勉强自己去接受男友的漫不经心的对待，但是在这个勉强心理的背后，其实存有“我应该这么做”的迷思，以及“我值得更好对待”的怨恨，这个就是痛苦的来源，因为我完全没有意识到，当你用物质和世俗标准衡量爱情时，你的对象也会用物质和世俗标准看待你。

现在的我，没有委屈，无须妥协，不必迁就。我用心地体会跟他在一起的时刻，就算迷路，也是“难得”迷路，不妨当作是一场都市冒险。他临时要陪朋友，我刚好空出时间看影集享受独处。他忙于工作，我也忙于咨询及写作，干吗非得要他陪？

或许有人会说，也要遇到对的人，才会这么甘愿吧？

不见得哟！

最奇妙的部分反而是那个人是谁真的不是最重要的，如果你能领悟，所有与你有缘的男人，都会是“对的人”。

当然有一些对象，他们的恶意强大到会危害我们的性命（例如魔王），那时你也能清晰地认出，并且与其保持距离，除此之外，其他的对象都会是对的人。

因为，没有人谈恋爱的本心是为了折磨彼此。我们女人不是，男人也不是，当我们与男人相处时，能完全顺其自然随遇而安，关系的终结只能说是缘尽，绝对不会是因为争吵冲突而不欢而散。

他是我现在很珍惜的人，但不是世界上唯一能让我开心的人。

请记得：**在爱情中，最大的谬误就是：误以为只有那个人能让我幸福。**

有缘跟他走一段，谁也不知道缘分会走到何时。当你能这么想，眼里和心里看到的都是难得，只有珍惜。当你不预设未来（就是不要想太多），才可以享受相爱的每分每秒。

因为过去的所有片刻，你都是全心投入，当那个人离开时，又何须惋惜？

人跟人的关系最自然的状态其实就像花开花谢，花开时欣赏其灿烂美丽，花谢时感谢它曾经赋予的感动，并且不留遗憾。

那些世俗的问题。例如，要是约会他都不出钱，都要我出钱呢？

你有能力你甘愿你就出钱，不甘愿就不要出钱，要是你能专注在当下，很容易看清楚男人是要占你便宜，还是他其实没有能力，要是他自己吃香喝辣穿金戴银，显然是自私利己亏待你，要是一起吃一碗牛肉面，却把牛肉都给你，显然是他现在能力有限，但是他尽己所能对你好。

我怎么知道他是不是真心爱我？他有认真喜欢我吗？

女人都很喜欢问这个问题，但是其实这个最不重要，会这样问的心态是，要是他不爱我，或是他不是真心，我也不要爱他。

要是你这么在意一定要他爱你很多，你才愿意放下身段稍微爱他一点儿，那你就别爱他吧！因为谈过恋爱的人应该都有所体会：爱和喜欢都不是永恒的，尤其当那个对象是个人的时候（我觉得人和动物之间的爱还比较永恒）。

爱和喜欢是感觉，感觉都是来来去去，所以可能有时候很爱，有时候淡淡爱，有时候浓烈爱，也可能今天喜欢明天讨厌后天又喜欢，要求“感觉”维持永恒，就像要求不老死一样很不实际。爱的感觉，浓时淡时都去享受，消失时就接受，回来时也接受，岂不是任何困扰都没有？

男友跟我的喜好不一样，经常让我觉得好无聊哎！

这跟你看待事情的角度有关，有共同的兴趣和嗜好会让彼此更契合，话题也会更多，但是接触自己完全不了解的领域，也会有新鲜的体验。要是你真的对他的活动没有兴趣，就诚心感谢他，然后提议做其他事情，但是不要每个选项都拒绝，敞开心胸，回到第一天上学的心态，就算他要谈宇宙原理机械构造，或是邀请你参观他如何改车，你都能找到有趣好玩的部分。更何况，要是你专注在观察他这个人，只是看他就会很享受，怎么会无聊呢？

我跟他很暧昧，虽然彼此都有好感，但是都不明说，我知道有其他女人喜欢他，他接受那个女人的礼物，但还是会约我出去，他到底想怎样啊？

其实，暧昧阶段（在这里的定义是：没有拥抱亲吻以及发生关系）真的是最美好的。就像是面包刚出炉时，只闻那个味道就让人口水直流，脑海中想着不知道有多美味。入口以后，有可能真的很美味，也有可能不如预期，但是吃完以后的感觉，绝对没有只闻味道时那么兴奋渴望。

确定关系以后，除非你练就不要想太多的功力，不然一定会觉得每况愈下，因为恋爱不是常态，生活才是常态。在真实人生中，大家不是偶像剧里的男女主角，只管谈情不事生产，尤其男人，会尽快把真面目本能地呈现出来，因为这样他最自在，能够接受他最放松和最自然状态的女人，才是适合长久交往下去的伴侣。

讲这么多只是要说，暧昧有机会就尽情享受，因为总有一天会结束啊！当然，暧昧期要是拖太长，都不给男人追到（前提是：你不急他很急），男人也会换目标。

更实际的例如，要不要结婚、经济问题、婆媳问题、工作问题、小孩儿问题……

以上这些问题，可以预先讨论交换意见，因为叫你不要想太多，跟让自己羊入虎口自找罪受是完全不同的境界，只是别以为当时的讨论就是最后结果，计划经常赶不上变化。

人生有趣的地方，就是在于难以预料，有可能你在那边沙盘推演，自以为面面俱到，但是到最后原先的问题不见了，反而出现新的问题，或是环境和际遇改变，必须重新布局，或是你们已经分道扬镳。

所以，无论想得再多都有可能白费力气啊！等到问题出现的时候，再来解决就好啦！

让自己头脑放空，专注地体会当下相处的快乐，什么事情都不要想，就能让你爱情如意幸福美满，男人轻松没有压力，你也可以开心自在。试想，谁会不喜欢这样的相处模式？

至少以我来说，如果我是男人，我的女友见到我总是心情愉悦，带她去海边也高兴，去兜风也享受，发呆也配合，放空也开心，吃路边摊满足，吃大餐也欢喜，下大雨不埋怨，走错路不怪我，约会没有惊喜她也会照单全收，更重要的是，我能以我的心感觉到，她是真的乐在其中，不是为了讨我欢心而委屈顺从，她能接受我的本来面目，享受跟我相处的每分每秒，我即使无法给她全世界，也会觉得在一起幸福满分啊！

当你能够体会不要想太多的真谛，受益最多的其实是我们自己，不是那个男人。

卡关 10　虽然他不承认我是女友，但是我怕跟他摊牌会失去他，只好拖下去。

梦洗说："你错了，这要看你对他的心态是否认真，认真当然就应该摊牌。"

这个故事来自网友咨询的案例。故事的女主角是个很能忍辱负重的双鱼女，双鱼女还有另一种让我很头痛的族群，就是黏人、头脑不清楚，又无法控制情绪的那种，但是先不提这一类，双鱼女也有很多牺牲奉献不求回报，又很能吃苦耐劳任劳任怨的优点，而且双鱼座盛产"救世主情结"（男女都有）的人，但是每个人都有极限，女主角也差不多快到极限了。

故事的开始，双鱼女认识天秤男，双方依照一般模式慢慢熟悉交往，但是刚开始这男的没有很明确地认定两个人是男女朋友，可是这女人也觉得无所谓，所以两个人有名无实地交往两三年。其间，男人都没有在公开场合承认或介绍双鱼女是他的女朋友，也会暗示双鱼女不要透露他们在一起的事，更不能跟朋友介绍他是男朋友，而这个女的因为爱他，都觉得无所谓，在一起开心就好，反正看起来他也没有其他对象，也是每天都跟自己在一起，所以这个女人也催眠自己，照这样发展下去，只要自己不吵不闹，听话懂事善解人意，也许有一天他会愿意公开，会承认他们是男女朋友。

交往时间一长，也会在无意间见到彼此的朋友，但是这个男人似乎有鸵鸟心态，即使双方朋友都猜测他们两个人在交往，但是就像数字周刊没有拍到照片一样，“没图没真相”，他坚持不松口承认他们是男女朋友。即使这几年以来，他的身边女伴都是双鱼女，两个人一起生活一起度假，情侣之间应该做的事情也一样没少，他还是觉得自己是单身的，也是自由的，有权利去发展其他关系。

终于在一次天秤男独自参加员工旅游以后，两个人的关系出现了变化。本来见面机会就不多，聊天时天秤男要是没有兴致都是冷冷的，也没有带女人请他买的东西，传信息也不回，上线永远都是主动发信息给他，他也经常爱理不理地回应，本来就很闷的双鱼女，更是被他的态度搞得心情很差。有一天，女人又主动发信息给他，问他最近有哪些安排时，他竟然回答说，有同学要帮他介绍女朋友，而且还完全不当回事地说：“听说很正耶！”

各位朋友，各位看官，是不是应该生气啊？但是，这个双鱼女气归气，当下却只打得出“……”，这也算是惊吓过度的反应吧？后来，这个女人勉强打出一行字：“我很不开心。”但是，这个男人却很无耻地说：“找一些开心的事情做吧！”然后就下线了。

过了几天，女人写信给我，说她气得要命很想问清楚应该如何处理。

梦洗回复如下：

我觉得你应该摊牌。

既然你已经无法忍受不清不楚，想要搞清楚时，就是摊牌的时候。

也有女人面对一个食之无味又弃之可惜的对象时，可以做到完全不要名分，因为那个名分要来是拖累，我自己就做过类似的事情。以前有一个对象，我喜欢他的某些部分，但是觉得自己不愿意嫁给他，所以他不给我女朋友名分，我也完全无所谓，后来是他比较认真，想要给我名分，但是最终我还是主动跟他分手。

所以女孩儿们，请自己想清楚，你真的很想跟这个男人名正言顺吗？你玩得起或是你愿意玩吗？你还有多少时间可以浪费？如果你确定你要他，他真的适合你，你就该说清楚讲明白，《与神对话》的作者沃尔什经常说，不带有期望，并非不做清楚的沟通。”

清楚的沟通，就像今天去面试一份工作，如果你希望有多少薪水，有哪些福利，就应该清楚地提出疑问，并且要求对方回复，而不是对方说“薪水我能给多少就给多少可以吧”“福利就看情形给可以吧”，你还同意，如果你不想争取自己的利益，要被别人吃干抹净，也是你自找的。

当然，提出这些问题的时间点也很重要，男女交往最忌讳“交浅言深”，还没有到那个程度，就要求对方给你承诺或名分时，经常会因此扼杀一段有可能发展的感情。关于判断时间点，虽然每对状况都不尽相同，但要是两个人已经交往好几年，也住在一起，小孩儿都生了，你还在怀疑你们到底是不是男女朋友，只能说你比瞎子更瞎。

但是，只见一次面互有好感，就迫不及待要求对方“我们要不要做男女朋友，以结婚为前提交往”也实在很操之过急，你先了解对方的身家背景、兴趣嗜好、生活习惯，再考虑他“有没有交往的可能性”吧。这还只是可能性哦！我跟老公正式交往以前，已经做了三个月的朋友，我跟他都把彼此摸得很清楚，才确认关系。

回到要不要摊牌的问题，双鱼女还认为自己是不是公主病发作，是不是反应过度。我的天啊！我完全不觉得你有反应什么给对方知道，你的态度还是很不明确，难怪人家可以跟你这样拖到地老天荒。

他当着你面提到别人要帮他介绍女朋友，已经非常过分，这就是表示他把你当作过渡时期的伴侣，完全没有把你当作女朋友，要是我就气炸啦，并且会立刻说：“请问你把我当什么？”但是要很冷静地说，绝对不可以发飙哭闹。

想要摊牌，就要有可能失去他的决心。没有决心的摊牌，若是遇到男人顺水推舟说：“既然你这么不高兴，我们就分手吧！”然后你又开始后悔想要挽回，更是不可能修成正果，因为他会觉得你离不开他，既然这样，又何必给你名分？

虽说跟他耗下去，也不是完全没有机会，我听过一个案例，男方和女友交往数年，小孩儿都拿掉好几个，最后因为道义上说不过去，刚好女友又怀孕，才跟女友结婚，但是可能因为交往那么久，其实已经没有激情，娶了女友以后，男方婚后一年多就有外遇，还觉得原配不应该吵着要离婚，因为:“你要的名分我已经给了，你还有什么不满足的？”

我觉得做女人最悲惨的莫过于此，我完全不能接受男人因为“同情、责任、道义”而跟我结婚。去你的，本姑娘不稀罕你同情！这样的修成正果，我宁愿不要！

但是，还是有很多女人愿意被同情，我知道某些女人是，男人愿意娶她们，她们就要放鞭炮了，哪里管得着动机是同情还是愧疚？反正能嫁出去就好。

这样当然也没有什么不好，反正你想清楚后果，也愿意承担，就去做吧！

因此，摊牌以前必须思考的是，你能不能承受失去他？因为有百分之五十的概率会发生，没有男人喜欢压力和逼迫，而且你遇到的这个男人爱情抗压性比其他人更差。

所以只会有两个下场：一个是逼他给名分，他不给或是拖延，最后还是分手或继续拖；一个是他考虑以后，发现他很爱你，你很重要，他不想失去你，就会给你名分。

但是摊牌之前还是必须经过隔离，让他感受“如果失去你会有什么不同”，不然一般来说，都是不见棺材不掉泪，没有失去你，他根本连自己会不会痛都不知道。

你自己思考决定怎么做吧！我觉得你这样不是公主病，你连公主都不是，怎么会有公主病？当我们需要名分或承诺时，当然可以跟男人要，重点在于，你可以要，但是他不一定愿意给，也没有义务一定要给你，这个时候就是把双方感情放在天平上称重量。依照我的经验，这种男人分手以后，如果自知理亏，就会后悔也会来挽回，但是那又怎样？他们后悔之后，不一定会改善对待你的方式，只是有可能再跟你搞暧昧，再拖延时间，让女人心灰意冷。这种男人，我自己是绝对不会再碰，实在很受伤啊！

我在谈感情时，很讲究“有品”，不纠缠和想清楚再行动都是有品，我不是没有跟男人搞过暧昧，但是当我想要弄清楚时，我就会去弄清楚，当我觉得还不是时候弄清楚时，我也能接受不清不楚，两个人开心快乐就好，当我提出分手时，我不会反复后悔又求和，因为会后悔我就不要提，要提就不要后悔，把意志贯彻到底。

因为我比较洒脱，所以会发生我提出分手被男友挽留又继续交往的状况。这算是意料之外，因为我只要提出分手，都是觉得分手以后不会后悔，绝对不可能拿分手来威胁，会继续交往下去通常是因为心软。

当男人提出分手时，无论再痛再难过，我都会立刻离开，当然还是会问理由，有时候我不问，男人也会自己说，但是都无所谓，反正那理由可能半真半假，无论是真是假，他还不是终究会离开。你继续纠缠他，只是浪费时间，又让自己可怜兮兮丧失尊严，何必呢？

我可以想开有一个很大的原因，就是我很早就体会到，一个人要离开你，可以不必有任何理由，而且跟你是好是坏，没有绝对关系。你做得很好，他有可能会说：“因为你太好，所以我配不上你。”你做得很糟，也有可能遇到前世亏欠你的男人，对你不离不弃。所以，世事没有绝对，想走的人就让他一路好走，才有真正适合的人到来。

第二则故事也有异曲同工之妙：对于一个不愿意给我们名分的人，到底应不应该努力去“为爱改变”？

老师您好，最近跟一个朋友聊天时，她跟我说了一件发生在她身上的事情。

她对男同事一见钟情，那个男人在离职以前找她和另一个同事出来喝酒，但是她酒量不好，很快醉了，醒来以后，发现好像跟那个男人交换过电话，后来男人陆续会找她出来，她因为喜欢对方，所以很开心。

在约会的过程中，男人会说很多暧昧的话，让女人觉得男人好像对她有好感，可能有机会交往。例如，“我跟你是朋友以上快至恋人的关系，不知道何时会越界”这类的话。

所以，我这个傻朋友，以为能借由性关系拉近距离，就毫不考虑地跟那个男人发生了关系。

发生关系以后，男人的态度就变了，不仅爱理不理，还经常嫌弃她，会批评她很胖，要她减肥，不然就是批评她穿衣服没有品味，没有女人味。总之，都是攻击她的外表，但是她根本完全不胖，她一百六十五厘米五十三公斤，男人却要她瘦到四十五公斤，才“考虑”和她交往。

之后，她就疯狂地减肥，用尽各种方法，无论是针灸埋线、吃减肥药、强迫催吐，慢慢也瘦了几公斤，但是男人还是不太理她，也从来没有说他们是男女朋友，甚至有时候找她，只是为了和她上床。

其实，她也知道男人不在乎她，但是很犯贱地只要他打电话来，又无法自拔地陷进去，大家一直劝她，还是没有用。最近，她甚至离谱到想要自残以换取男人更多的关心，我们听了以后，都很难过又生气。

不知道老师有没有办法解决这种问题？

目前以我能力所知，只能等到她自己醒，说什么她都听不进去，如果没有办法救她，身为朋友可以做些什么？

以上这个案例，我觉得比较会发生在年轻女孩儿（在我的定义里，三十岁以下都算年轻）身上，要是超过三十岁还这样，我只能说，你觉得自己有很多时间可以浪费吗？

这个故事里的男人就是一个烂人，没有必要研究和讨论，不过烂人除了会浪费女人青春以外，也是让女孩儿成长的严师。我两性关系最大的进化都是跟前面提到的那个魔王交往半年内学会的，从此我改掉公主病，学会三思后行，冲动的毛病也减少很多，但是坏男人只是阶段性让我们成长的教官，而不是适合走一辈子的良伴，因为跟他们过日子，绝对不可能幸福。

年轻的时候可以为爱痴狂、做尽傻事、刻骨铭心，我觉得非常好，而且有必要。因为不瞒大家说，我有几位看似“人生胜利组”的客户，在年轻时选择面包而不是爱情，嫁给“温和稳定顾家好男人”

以后，很奇妙的是，或许就是因为没有轰轰烈烈过，竟然都不约而同地在婚后找到相见恨晚的黄昏之恋，抛弃顾家传统好老公，投入飞蛾扑火的恋情。很多在婚后有外遇的女人，选择的都是让人跌破眼镜的对象，这些人不仅有可能各方面条件都不如丈夫，甚至脾气差得会打人并且靠女方养活……这种事比比皆是，难道真应了那句话，没有得到的是最好的？

不要觉得不可思议，这就是结婚以前没有被坏男人伤透心，不懂得珍惜当下的女人，有可能发生的状况。

听起来天方夜谭，但是套用到人性上，其实有迹可循，这几位客户都是一般人眼中的“好命女”，感情上没有受过太多委屈和波折就嫁个好老公，这个幸运也可以说是不幸，因为缺少挑战就不会珍惜，也会让她们在度过长久的稳定夫妻生活以后，开始觉得烦闷、一成不变，想要寻找刺激，而能够提供给已婚妇女刺激的还会是什么正人君子吗？

于是，坏男人出现了，提供激情刺激新鲜感，还有难以征服的挑战。这对于在感情上没有吃过亏的女人来说是很大的诱惑，因为那个乖乖牌老公根本不需要征服就很忠心，她们认为：**能够驯服野马，才是女人至高无上的荣耀。**

所以，这些在婚前没有被坏男人彻底伤害过，不知道“歹路不可行”的女人们，就误以为“这个才是真爱呼唤”地义无反顾陷下去。更麻烦的是，到那个时候，不是分手就可以解决的，而是要离婚，要分财产，要争孩子抚养权。结婚以前笨过惨过痛过，总比结婚以后再来经历这些要好吧?

因此对于这个朋友，我的建议是你跟她说:“别怀孕，别自杀，别帮他借钱，或是给他钱。”其他的就别管了，尤其不能因此和你的这位姐妹绝交，因为她如果不是先天脑残加弱智（很抱歉，我用词很毒)，总有一天还是会醒来。那个时候，如果身边连个支持她的人都没有，她可能会意志不坚，又跑回坏男人身边，所以对付这类朋友，“保持适当的距离以及冷眼旁观”很重要，反正你越阻挡她越爱去，还不如让她遍体鳞伤痛个彻底。

知道对方是烂人却还是身陷其中的患者都很喜欢“取暖”，就是会希望朋友认同她的做法，并且支持她的行为。朋友若是明眼人，就会无法认同又难以支持，但是这个时候，反正你好说歹说她都听不进去，最好的态度就是“事不关己，漠不关心”，不要认同她的任何见解，她不管说什么，你都回答“是哦”“真的吗”“你觉得是就是啰”“我没有意见”“你觉得好就好啰”，乍看之下很无情，可是你本来就不应该赞成，也没有权力反对，切记不要帮她做决定，不要帮她做判断，你应该把做决定和判断的责任丢回她身上，最温暖的做法就是，反正无论如何，记得你还有我这个朋友，不要想不开就好啊!

要是你真的看不惯，可以跟她表达自己的看法，但是讲一遍就好，因为“好话不说第二遍”，听不听得进去是她的福报。对于必须从痛苦中学习的人，不让她痛苦，就是中断她的成长之路。做亲友的虽然不忍心，也只能放手让她去经历，总比身在福中不知福，吃太多山珍海味后，想锻炼肠胃而去吃馊水来得好吧?

最后提醒大家，男人给不给我们名分，跟我们要不要为这段关系去改变完全是两回事，因为改变是你认为值得的你就去做，这样的改变才有意义。很多女人为了得到男人认可，把自己搞得跟孙悟空一样，最后发现自己都不像自己。如果一段关系换来的不是舒服自在地展现真我，你一定会越活越空虚。

卡关语录

别做白日梦啦！做人警醒一点儿，才不会被愚弄！

有时候思考太多计较太多，反而会扼杀感情的自然发展。

面对爱情的终极心法，只是很简单的五个字：不要想太多。

在爱情中，最大的谬误就是：误以为只有那个人能让我幸福。

跟人的关系最自然的状态其实就像花开花谢，花开时欣赏其灿烂美丽，花谢时感谢它曾经赋予的感动，并且不留遗憾。

卡关 11　夫妻吵架意见不合是很寻常的事情，搞到要离婚也太小题大做了吧？

梦洸说："你错了，不要挥霍男人的爱。人跟人的缘分，有时候只是一期一会。"

爱情的本质是无常，是虚幻，是一场酸甜苦辣百感交集的梦。

以下故事纯属虚构，如有雷同实属巧合，有心人请勿过度敏感自动对号入座，你一举手，大家就以为是真实故事啰，可是这是虚构的，都说了如有雷同"实属巧合"，题材灵感来自某前任，感谢贡献。

艾儿经历过几段不堪的恋情，就跟所有二十八岁的女人一样，怀疑这世界上究竟有没有白马王子会来完成自己的公主梦。

后来，她遇到未来的老公，他是个恶名昭彰的花心大少，但是还算风流而不下流，那是因为他要是玩玩都会跟女孩儿说清楚，他没有要认真，也因为这样的"好口碑"，虽然伤过不少女人的心，但倒是不太被前女友们记恨。

因此初相识时，艾儿是提防的，当然要提防啊！跟前男友分手的伤痛还没有完全痊愈，在这场感情中她是输家，她真的不想再做输家。

但是，这个花名在外的仁兄却一反常态，对艾儿非常认真地追求。那股执着的傻劲儿，让他濒临分手的前女友都非常吃味，嚷着“他从来没有这样对待过我”。

这次真的非比寻常，还没有真正攻陷艾儿，他已经带艾儿认识了他的家人和朋友，甚至婚丧喜庆都毫不避嫌地带艾儿高调亮相。

他所有的朋友都对艾儿说：“他变了，他以前从来没有带同一个妹亮相超过三个月，看来他对你非常认真哦！”

天性单纯的艾儿逐渐卸下防御之心，接受他的爱与付出。他是那么会讨人欢心，又是那么会照顾女孩儿，自己就像被捧在手心里的宝物一样。饿了，他立刻贴心询问：“你想吃什么？我煮给你吃。”累了，他立刻紧张地问：“不舒服吗，受凉了，需不需要看医生，帮你按摩好吗？”

王子和公主就在众人的祝福及前女友的嫉妒中逐渐修成正果。他说，艾儿是他梦寐以求的女性，无论是外表或个性，就跟他一直认为自己会娶的老婆一样。因此，他给艾儿的“高规格待遇”远胜任何一个女友。这一点艾儿也知道（前女友曾经又悲又怒地泣诉过），因此更是安心地享受他的全心关爱。

艾儿谈恋爱以来，从来没有这么幸福和放心过，他就像神灯精灵一样，几乎是到了使命必达的地步，对于自己任性的要求或是偶尔发大小姐脾气，艾儿也知道只要跟他撒娇，把招牌的无辜眼神端出来，任他有多大怒气都会烟消云散。

一年、两年、三年过去了，两个人恩爱如常，艾儿每天都跟他黏在一起，除了上班以外，私生活就像连体婴一样，有他的地方就有艾儿，有艾儿的地方就有他。当然，艾儿的朋友也变成他的朋友，他的朋友也变成艾儿的朋友，双方的家人和亲戚也是一团和乐，下一步应该就是结婚啰！

其实他们早就同居了，生活有如老夫老妻，只差一纸证书，第三年因为长辈过世，双方家长认为不如赶快成亲。在朋友之间，他们已经是众所公认的一对，甚至连原本不看好艾儿能撑多久的前女友，也为这个跌破眼镜的爱情长跑寄予祝福："你真的要给艾儿一个交代，她已经跟你这么久。"

在一片祝福声中，他们结婚了！艾儿活到现在，终于体会到嫁给最爱的男人是怎样的感受了，也走到童话故事的美好结局。

婚后的生活，刚开始其实差别不大，两个人还是各自上班，下班以后就腻在一起。但是可能因为"安定"，艾儿跟老公在不同的方向开始疏懒。艾儿越来越不修边幅，人也胖了，衣服也挑宽松款式，但是老公还是爱自己，而且还说肉肉的很可爱，所以更没有必要减肥。老公则是慢慢地不愿意让艾儿跟前跟后，开始会抱怨艾儿太黏，说他也需要自己的空间，但是艾儿只要"黏"一下，最后他还是会投降让艾儿跟着。

家事方面，婚前完全不计较艾儿做个无用公主的他，开始会要求艾儿不能偷懒，要多做家事。婚前觉得自己应该"装一下"，别对他的女性朋友及行踪过度质疑的艾儿，也理直气壮地觉得，我是你老婆，有什么事情我不能问，不能查？因此，艾儿也认为应该经常“调阅”他的手机、通信记录、发票、各类文件账单数据，艾儿认为这是为了保护他们的婚姻，何况每个太太都会查啊！自己也问过朋友，做这些事情绝对不算过分，这是当老婆的权力，结婚不就是为了行使权力吗？

虽然查不出什么蛛丝马迹，但是老公开始会不耐烦，嫌艾儿东问西查，还经常批评艾儿偷懒不做家事，表明“渐渐不爱我”的迹象。艾儿坚定地认为是有外力捣乱，因此身为老婆的艾儿心想，我绝对不要做输家！

艾儿开始变本加厉地管控老公的每通电话、每个朋友、每个行踪，老公的身旁只要出现稍具姿色的女性友人，艾儿神经立刻绷紧追问:“那是谁？跟你是什么关系？问事情？她不能找别人问吗？帮忙？她一定要找别人的老公帮忙吗？自己不会去找一个老公！”

刚开始，老公还会很有耐性，好声好气地解释给艾儿听，但是次数变多之后，他越来越懒得回应艾儿的无理取闹，心想着，给你三分颜色，就开起染坊啦？老子真的是宠坏你了，不让你知道家里谁是老大，我的面子要往哪里摆？

于是，他越来越不主动报备行踪，对于艾儿的查勤电话不是拒接，就是敷衍几句。对于艾儿越来越戏剧化的举止（先问再闹后哭），他也越来越摇头叹息，因为心烦开始晚归，越来越不想回家，也越来越不想跟艾儿同床。

这天，他回到家以后，艾儿已经睡了，手上还紧握着手机，眼角还挂着泪痕。他看着这个自己“应该还爱着”的女人，默默从床头柜拿出婚纱照，只是一年多以前，照片中的艾儿和自己笑得如此甜蜜和幸福，现在他却感到无比疲累。他不懂，他最深的爱、最真的情、最多的时间、最大的用心，都是花在这个女人身上，为何她还是要这样一而再，再而三地挑战极限？自己的朋友她哪个不认识？她介意的前女友们，几乎都失去联络，女性朋友都是公事上需要来往的对象，难道要我辞掉工作让你养？

他越想越气，这个时候艾儿醒来了，看见他又是开始埋怨，那个表情他已经看得很多，已经看到不想再看。甜美的小公主慢慢化身为母夜叉，他不希望自己理智断线，于是起身往外走，但是艾儿却说：“你要去哪里？我已经等你一个晚上，过来陪我一起睡。”

刹那之间，过去不曾有过的念头在他的心里浮现：“离婚吧，我受够了！”“幸好还没有生小孩儿，离婚只需要搞定她和爸妈。”“不行，已经在一起这么久，她为我付出青春，我为她付出心力，还不是放弃的时候。”

于是，他乖乖地躺回艾儿身边，认命地把手臂当作爱妻枕头。

那天之后，表面上他对艾儿的容忍度更高，有问必答，准时回家，艾儿很高兴地认为是这段时间的监控获得的成效，老公总算收心回到当初体贴温柔的模样了。艾儿对自己的“驭夫术”相当自豪，在闺蜜之间，更是得意扬扬地到处传授。她不知道的是，最近老公的好脾气是因为常想：“没有关系，大不了离婚。”又过了半年，那天终于来了。

说到原因，其实只是夫妻吵架的一件小事，现在当朋友问起为何离婚，艾儿也说不出个所以然，只知道那天老公又念了自己几句，自己也不甘示弱地回呛及翻旧账，然后两个人就吵了一整晚，原本是一个晚上的事情，但是怎么觉得那天晚上的气氛好像已经持续一阵子了呢？

对于离婚的决定，刚开始的确是气话，应该说，艾儿完全没有想到，自己气到要跟老公离婚，他的反应是“好啊，如果你想离婚，就离婚吧”。

怎么会这样？这跟自己编好的剧本完全不一样，他曾经说过，我是他的最爱，我是他要珍惜一辈子的人，只是吵个架就要离婚吗？

艾儿正在犹豫着要不要示弱道歉时，老公却继续不放松地追问：“说实在话，这阵子我也是忍你忍得快要超过极限了，你真的以为自己是公主吗？你已经三十出头，不觉得自己应该成熟一点儿吗？×××的老婆从来不会缠他，你不是跟她很要好吗，怎么好的不学都学坏的？”

这下子心软转为怒火，艾儿开始口不择言，把自己这几年以来受的委屈，全部一吐为快。她拼命责怪老公，是他让自己没有安全感，是他行踪诡异自己才会起疑，是他的女性朋友过多，是他还要跟某几任前女友保持联络让自己吃醋，是他不对，都是他不对，他不是要让自己成为最幸福的新娘吗？

一个月以后，艾儿和老公正式签字离婚。

拿着离婚证，艾儿突然感到茫然，觉得这几年除了浪费青春以外，好像没有真正得到过幸福和快乐，可是艾儿不愿意承认自己有错，她宁愿认为这个男人始终是死性不改，一定又是被哪个狐狸精勾引才会如此恩断义绝，当初他是那么真诚地追求，对我无微不至地体贴，总是捏着我的脸说我很可爱，总是说能娶到我是他最大的福气。

不可能的，绝对不是被我搞砸的，一定是哪个我没有防堵到的狐狸精诱惑他，他才会变成这样。

花心大少呢?

他走回头路，重出江湖，跟哥们儿宣告:“× 的，老子果然不适合结婚。那个时候我真的是脑袋坏掉，以后我要是还敢做这种蠢事，拜托你们把我的手剁掉。”

小兄弟们一阵儿喧闹与哄笑，把酒言欢后，大少心里其实不免落寞，自己曾经全力以赴经营的婚姻，竟然落到如此结局。但是已经离婚，还是迎向新人生比较实在。故事说完了，不是网络转帖，这种剧情是每天都在上演的事，别以为结婚就能高枕无忧，别以为爱情经得起无端的争吵。

艾儿是最笨的老婆。

男人不是用管的，而是用教的。教得好的女人，可以自己在曼谷度假享乐，老公在公司工作养家。

要留住男人，依靠的不是你对男人的不放心，而是男人对你的不放心，这样才是真正的牵制。

我从来不认为吵架可以越吵越爱，打情骂俏的斗嘴是很甜蜜，但是剑拔弩张的互骂绝对会伤害感情。退一万步说，除非情侣双方都是火星人，的确是需要依靠吵架来发泄能量，床头吵床尾和，但是只要有一个人是“理性务实派”，我保证越吵越散得快。

爱情的美好，其实要活在当下才能体会，就像四季更迭一样，有春花可赏时把握美景，有秋月对酌时一饮而尽，何必去想来年的花是否像今日一样娇美？放了一年的酒是否会越陈越香？大多数女人的爱情之所以失败都是因为她们不是活在过去，就是活在未来，完全没有用心去体会当下的美好。

当他爱着你时，你想，这份爱会永远吗？他的承诺会实现吗？他对我是真心的吗？庸人自扰，你看不到他眼中的感情，只看到自己心里的忧虑。

当他不再爱你时，你想，他为何不再像当初的他？是什么改变了他？是什么让他的浓情转淡？我能怎么做，让他变回原来的那个他？你无法接受现实，让自己的执念制造出更多的后悔。

世间恒常不变的法则是无常，无常就是这个世界上再正常不过的事情，花会谢，心会变，孩子会长大，我们会衰老，当你每天走在路上，看着一成不变却瞬息万变的街景，是否也能体会到：

我们跟每个相遇的人的缘分，只在那一时、那一刻、那一天，你不把握也罢，过去就是过去了，每一个感动美好，每一个承诺誓言，都不会重来。

当时的他，就算怕失去你而说谎，也说得情真义切，演技精湛的演员都可以赢得奥斯卡，难道我们不能为当时他的刹那真情所动吗？毕竟当时的他是很用力地把情感传达给我们。

我很喜欢一句日本谚语，叫作“一期一会”。“一期”表示人类的一生，“一会”表示只有一次的相会，这是日本的茶道用语，意指茶道师傅在面对每个客人时，都是抱持“我这辈子也许只帮你泡这次茶”的慎重心情来沏茶。

既然可能是人生中仅有一次的相会，无论是哪一方，必定都会凝神专注在当下，品味着一分一秒的感触，无论是苦是甘，都是错过就难以回味。

每年春天，日本人都有赏樱花的传统，樱花的花期很短，大约半个月。日本人会为了这个短暂的绚丽，漏夜排队占位置，然后在樱花树下野餐和喝酒，享受难能可贵的美丽景致。

过了花期，樱花就会很豪气地片片洒落，化为春泥，化为养分，等待来年再度绽放。来年，即使同一棵树或同一丛花，也不是去年看到的樱花，所有过去的事物，都不会回来。看起来一样的他，其实已经不一样，如果曾经专注地爱过，又有何后悔，又哪来遗憾？

爱情比樱花更残酷，年年复年年，你跟他身边的人都会换了一轮又一轮，如果在相爱的时候，我们都能“一期一会”，珍惜这个相遇，珍惜他给自己机会去爱，珍惜自己曾经那么投入和眷恋，那段逝去的感情，虽然跟樱花一同腐朽，灿烂却会永远留在记忆中，那份纯粹的美丽，不应也不愿被憎恨给污染。

请享受爱情的无常。关语录

卡关 12　为什么爱情不能当饭吃？爱情不是世界上最伟大的事情吗？

梦洗说："你错了，把爱情当作唯一，这样是吃不饱的，而且会让对方感到压力很大。"

女人或多或少都有公主梦，但是除非你是重度患者，从出生开始每天除了等王子拯救以外，什么事情也不做，不然必定还有其他的生活目标，无论是念书、找个适当工作、发挥创意、拓展人脉、饲养宠物、陪伴父母，这些都是你在进入爱情以前就在做的事情，但是女人很容易在爱情出现时，把其他目标全部排除，自动把爱情升为唯一。

我要劝大家，你**至多可以把爱情摆第一，但不能是唯一**，你可以看重爱情，但是也要知道自己有很多事情可以做！

对于未婚的客户，我真的建议"不要把鸡蛋放在一个篮子里"，除非你十拿九稳考上国家机关（这都还不能说是完全不生锈的铁饭碗），否则一般人都会在对现职不满意时考虑转职或兼职，这不是非常合乎逻辑吗？

如果现职我们自认工作十分努力，却没有得到合理的报酬及福利，跳槽寻求更好发展实属人之常情，不然即便念旧不想离职，最终也很难获得幸福。

我有一位客户，在正牌男友以外，去和一些追求者或蓝颜知己搞暧昧，分散自己对正牌的注意力，因为她清楚自己渴望男友满足的所有愿望对他来说都太沉重。

但是，如果你没有我这位客户如此长袖善舞和拿捏得宜的本事，我建议你最好还是把对爱情的渴求share到闺蜜的友谊、家人的陪伴、兴趣嗜好的经营、第二专长的开发……你想想，如果你现在身边没有他，你是单身女性，你是不是也会为自己的人生安排这些选项？

既然如此，有他没他，原本在你生活中的目标都不应该偏废，你遇到他之前是怎么安排，你遇到他之后就怎么去过。相信我，男人就是这样做！所以，当我们跟男人一样，维持原本的兴趣和嗜好，他只会觉得我们很充实，不会觉得我们很麻烦。

我的这些体会，都是血泪经验换来的。

曾经我也很认真地去爱一个人，至少当时的我只知道那种方式，因为是情场菜鸟，除了全心投入以外，也不知道其他的爱法。

现在，经过几次自己都记不太清楚的沧桑过往以后，我没有丧失爱的能力，但是很难奋不顾身。

我当然也很爱我的老公，只是现在我会把将近六成的注意力放在我自己、家人朋友、龟宝身上，把大约四成的注意力放在伴侣关系上。

听起来很不公平吧？我只给伴侣关系四成，连一半都不到？

但是另外这六成当中，我要花许多时间和心力去关注和满足自己的各种需求，还要照顾和陪伴我爱的家人及宠物。把事业经营好，也是爱自己的方式。在大多数的情况下，我不会想到要去依赖伴侣，因为每个人都有自己的人生问题。

当你有一天到了这个境界，到了男女情爱只能瓜分四成重要性的时候，不可避免地会丧失一些东西。对我来说，丧失的是许多迷惘和痛苦，听起来很棒，但是有的人可是很享受虚幻，所以不是大家都喜欢平静生活。

现在许多问题在还没有发生以前，我大概就知道可能会怎样，所以当它发生时，除非老天爷故意要整我，出现让我意想不到的结局，不然我大概都能抓个七分，而且男女之间大不了就是分手，要是我连这个都有心理准备，真的没有很多事能让我一蹶不振。

其实也不能说我比大家强多少，我最强的就是得到时，懂珍惜；失去时，不在乎，我经常跟朋友说分手时“谁在乎，谁倒霉”，以前我用这句话激励自己，现在我能做到以后就用来激励别人。

不在乎的真义很多人都会误解，以为是要装得一派潇洒，要让对方知道自己炙手可热，或是将不把对方当回事的话语经常挂在嘴上。

要是经常做出这些“看似不在乎，但是其实希望他更在乎”的行为，只是更证明你多么在乎他，也因此更是被牵着鼻子走。

我自己的实践是，每当我去爱或付出，我尽量不在意对方的反应，他要是不赏脸或无理取闹，可能我下次就不再自讨没趣。但是，一个正确的出发点是，**当你纯粹地关心及付出时，那个行为本身的意**

义就到此为止，没有更多了。

不在乎的真义，其实是不要预期某个行为应该有什么反应，若是这次得到好反应，我们会希望下次比这次更好，若是反应不如期望或是变差，我们又会希望借由努力或是纠正别人，让下次的反应如我们所愿，这样就会形成无尽循环，没有人能真正满足。

把爱情看得比任何事物都重要的人，经常就会把自己的付出放大，加倍地认为对方没有“像我爱他那么爱我”。

如果你在一个平静的时刻，好好思考你在爱情中有多少的行为是因为想求取特定反应而做出的，或许你就能理解这样会给对方造成多大压力。女人多半在男人不听话时，都会因为试图掌控而进行情感勒索。

如果真的是无所求的付出就不会给别人带来压力。例如，我们在地铁上让座，不会觉得对方应该“给我们什么回报”，一句谢谢就已经足够。人们会焦躁不安、会愤怒恐惧、会想要逃避通常是因为他们从别人的行为中读到对方渴望相对付出的讯息。

许多男人惧怕女人如果发生关系以后就会要求他们“负起责任”，如果我们完全爱自己，我们会把任何时候的发生关系，都当作是一次美好的交流，它的意义也应该仅止于此。后续要不要认真下去大家再讨论，何必把美好浪漫的事情搞得这么严肃？更何况，你负不负得起我认知中的“责任”还很难说，难道我不需要慢慢观察鉴定吗？

但是，我不是说因为如此，你随时都可以跟认识不深的男人发生关系，请记得要洁身自爱保护自己，也想清楚后果是不是你能承受的。

男人也会希望女人在关系稳定以后负起责任，帮他处理日常琐事，端茶倒水养儿育女，还要分担经济压力。或许有些男人会觉得，他在追求期奉献那么多，投资也应该回收。也有为数不少的女人认为合情合理就咬牙认了，因为若你是在公平交易的基础上选择爱情和婚姻，后续的等价交换当然要自己承受。当然，也有男人纯粹为了爱选择伴侣，又为这份爱心甘情愿付出。

以上的例子没有对错，只是说“有的人就是会这样”，我们倾尽一生去寻找的无非就是一个价值观相近的伴侣。

把爱情看得比任何事物还重要的人，在潜意识层面，其实是对爱情匮乏的，因此会以为找到一个爱自己的人，所有问题就可以迎刃而解。这样的人，通常内在也不愿意为自己的幸福负责，就算表面上看起来是他付出的比较多，但是其实那些付出都是为了交换对方的爱。

健全的人会吸引健全的人，残缺的人会吸引残缺的人，所以拼命付出以得到爱情的人，不是会遇到把你吃干抹净的魔王，就是会遇到跟自己同样爱情匮乏，没有安全感，无法爱自己的人。

当你本身能够强大起来，你跟对方的关系才会真正地改善。当你能百分之百爱自己，完全不要求回报地提供支持和信任给另一个人，那个人必定也会因为你的信任，学习让自己强大，学习让自己有安全感，学习把自己照顾好，这个才是爱一个人所能给予的最好礼物。

爱情不是用来控制别人依照自己心意而行动，爱情更不可能让你从此生活顺心无往不利。爱情的作用力是发挥在心灵层面，心灵提升以后，环境和际遇就会随之改变。虽然我也会教大家一些出于人性的技巧，但是技巧有用还要遇到有心人。相信大家都体会过，当一个人就是不爱你的时候，无论你怎么做都不会有用。

先决条件就是，不要搞到那个人对你一点儿爱都不剩，技巧才有用。技巧不是用来控制，而是用来调整关系的性质往正面有建设性的方向走。

爱情可以给我们的永远只是机会而已，一个认识自己的机会、一个付出的机会、一个看到不同价值观的机会、一个让自己放开去学习的机会、一个活出最圆满美好生命的机会。

拥有爱情的我们，就会在适当的时机，做出对关系最适当的选择。

卡关13 我经常后悔，自己不应该犯那么多错，不然应该已经结婚了吧？

梦洗说："你错了，活在当下，拥抱遗憾，你选择结婚也许不是一个最终的结果，而只是一个过程。"

我经常遇到二十几岁的客户告诉我，如果不会结婚，我就不想浪费时间跟他交往。我只能笑一笑，并且想着，幼稚真的是年轻人的特权，但你若是到三十岁还有这种观念，对人生的理解未免也太过于肤浅和表面化了。

想要结婚，以及如果对方不想和你结婚就不继续交往，这个想法并没有错，有问题的是产生这种想法的核心。

如果你想要结婚，只是因为大家都这么做，只是因为不结婚很奇怪，或是父母期望，或是你觉得他要是爱你就应该跟你结婚，都是大错特错，因为现在不比三十年以前，现在离婚率这么高，你选择结婚也许不是一个最终的结果，而只是一个过程，你以为走到迷宫的出口，谁晓得那个出口，却是另一个迷宫的入口。

我觉得结婚的唯一理由，应该是你准备要跟某个适合的对象走某趟旅程，你们是彼此的旅伴，如果旅程中玩得开心，这趟旅程就会延续下去，但是如果对方想要更换行程而你无法继续陪伴时，就应该放手让他走自己的路，这样才是成熟的做法。我知道要这样做很困难，连我都不敢保证自己做得到，但是我希望自己可以做到，因为我经常跟大家说“困难的事情，才有挑战的价值”。

人生许多问题，都是因为没有活在当下而产生，不是只有感情问题如此。

活在当下这个名词，已经在心灵成长界流传几十年，而且坊间大多数的励志书籍和心灵成长书籍，甚至是宗教书籍，都不断地提醒大家：活在当下，可以摆脱人世间大多数的烦恼和执着。

我也不是随时活在当下，但是当自己知道正确途径时，还可以提醒自己，把自己从错误的路拉回来。如果不知道自己走向通往破灭的道路，还以为尽头有希望在等着，才是人生最大的悲剧。

请大家回想自己的每段恋情，怎么开始，怎么结束，怎么走出来，怎么找回自信，怎么陷入下一段恋情的，下一段恋情又是怎么开始怎么结束的。

只谈过初恋的朋友就想想这段恋情从萌芽到消逝的各个阶段吧！

你有没有恍然大悟？

那就是：所有的状态都不会永恒。了解这个事实，才可以享受爱情。我们可以对未来有期望，但是不要被期望的执念给主宰，模糊焦点，看不到眼前的幸福。

针对这个状态，有人举出一个例子，大意如下：

很多人看着眼前的苹果时，不愿意专心地品尝，随便咬几口就觉得“不好吃，我应该吃芒果”。但是换了芒果，还是随便咬几口，并且想着“梨子应该更好吃”。如此换了又换，始终不知道自己的问题在于：从来没有专心品尝手上的水果。

如果你手上这枚水果，是全世界最后一枚，你还会这样随便地品尝它吗？

如果是那样的话，你一定会细细品味每一口的甘甜，并且努力让味道烙印在记忆深处吧！

还有一个类似的故事：

富人去农村工作一天，挥汗如雨地辛勤耕作以后，发现平凡的粗茶淡饭，竟然胜过满汉全席。

这些寓言都指出：有时候，事情的价值不是在于结果，而是在于过程。奇妙的是，专注或是真心诚意，经常可以让过程导向美好的结果，或也可以说，是过程“美化了结果”。

不以还没有发生的事情来困扰自己，就是活在当下。许多女人喜欢胡思乱想和预设立场，我承认我也会，但是我会在想破头还是无法得到结果时，跟自己说：“别想了！想那么多也没有用！”

如果没事，就不要怀疑；如果要怀疑，请找证据，否则你就是在浪费时间地妄想。对于恋爱关系，要抱持“有期望，但是没有执念”的心态，因为即使你盯着目标去交往，对方也未必要照着你的期许去做。把每一天经营好，就会有美好的一个星期、一个月、一年……如果你跟他一整年都很愉快，就会有筹码让他做出承诺。

由活在当下而延伸出来的，还有如何化解遗憾。

我经常觉得，自己的乐观性格其实是由极度的悲观中演变出来的，因为当你认知到人世间没有什么事情不可能发生时，那么任何事情都无法击倒你。

因此，朋友经常戏称我是“悲观的乐观主义者”。

心理学大师荣格说：“当树木的枝芽要攀向天堂，它的根必须先深入地狱。”

这段话，是我对自己目前为止的人生批注。

但是这纯粹是以心灵层面而言。在物质层面，其实我算是过得不错，衣食不缺，家学渊源，身边不曾发生巨大变故，不曾有深爱的朋友骤然离世，除了舅舅英年早逝以外，外公高龄九十九岁辞世，爸妈和兄弟们都是健康平安，似乎我的人生中唯一且聚焦的考验，都是在感情这个部分。

人生在世，遗憾难免。可以减少遗憾的人，就是活在当下的人，但是我们被社会价值观制约以后，都会被许多的枷锁捆绑，把别人拥有的当作适合自己的，把别人期望的当作自己应该的，久而久之，你变得只会“反射动作”，却没有真正停下脚步，问问内心，你所追求的一切，是你真心想要的吗？

过去，我曾经为了满足别人的期许，做出许多自己不愿意做的事情，对于人生中这些自己或别人的不成熟而导致的悲惨结果，我只能带着它们向前走，因为对于这些结果，无论当初自己有没有做对选择，我已经参与了，想要置身事外，无疑是痴人说梦，遗憾在现实的催促下，只是浮光掠影。

我们从小到大，父母和师长都会说“尽全力去做，就不会有遗憾”。

问题是，他们经常不了解，**尽全力跟不会有遗憾之间，有一个第三者叫作后悔。**

遗憾经常伴随着后悔，遗憾运用得宜，可以带来觉醒和洞见，但是后悔的建设性极低，只会让情绪变得更负面，还会让我们不断自我否定，对于认清现实毫无帮助。更有甚者，推诿和逃避，都是后悔的好朋友，一起来把你推向深渊。

后悔的心理状态是，不接受现状，不承认自己或别人的错误，希望眼前的事实没有发生，让自己活在过去，活在未来，就是没有活在当下。

例如，“我真是白痴、没有用、愚蠢的女人！我不应该相信他，我后悔那天没有跟他去出差，我早就知道那个助理有问题！有这么多线索，我怎么会没有察觉到，让他欺骗我这么久？他一定觉得我很好骗吧？我很生气，很不甘心，我恨他们！我后悔我付出的一切，我宁愿从来没有认识他！”

遗憾则是从后悔中走出来的，也渐渐释怀，带有尽人事听天命的豁达，就像心里一个微小的声音和一个未竟的心愿，偶尔会出来戳你一下儿，但是不会阻碍你向前走。

例如，“唉，骂也骂了，分也分了，最后会跟他不欢而散，其实我也有不对。我的脾气不好，是我应该改进，但是他不能以此为借口搞劈腿，反正现在已经无所谓，这场闹剧搞得我很累，我只想赶快结束，等到一切平静以后，再看看我和他还有没有机会，好好谈一谈，不要带着怨恨。”

要让后悔赶快退场，必须明白你或对方在当时的处境下，已经尽自己的能力做出最好的选择。当时会那么做，即使不是综观所有因素认为是最佳判断，起码也是觉得做出这个决定自己会比较甘愿。

就算时光倒流让我们重新选择，你也要清楚明白，如果你没后悔得如此惨烈，你就不可能痛定思痛去修正，即使再给你多少次机会，你还是会做出相同决定，没有踩遍地雷伤到体无完肤以前，你就是会得寸进尺。想清楚这一点，就真的没有什么好后悔的。

若不是那份遗憾让我们隐隐作痛，我们怎么会修正自己以避免再次遗憾？当初的我们，如果有现在的领悟，就不会做出让自己后悔的决定。如果没有遗憾，怎么可能会珍惜？不懂珍惜的人，又如何能免于遗憾？

允许自己和别人犯错，就是给彼此成长的机会。

把遗憾放在心里，可以让我们珍惜自己跟身边的人，可以看到缘分的得来不易，可以在做出决定时，多思考片刻避免后悔。

所以，当遗憾出现时，让我们拥抱它，并且说：“谢谢，我知道你在提醒我。”

弥补的机会，就顺其自然吧！

请相信，宇宙的每个安排都是完美的。

卡关语录

[illegible]

[illegible]

[illegible]

[illegible]

[illegible]

PART 3
砍掉刻板迷思

卡关 14　要是他真的爱我，不是应该答应我任何事情吗？

梦洗说："你错了，他没有亏欠你，爱情不是用来勒索对方的武器。"

女人是感性的动物，不讲逻辑思考，不善分析推理。我要跟大家说，十年以前，我笨得任何你们犯过的错误都犯过，但是我不想笨一辈子，我要成功，我要在感情中游刃有余，因此我下苦心学习，也奋不顾身去尝试每段恋情，所以我获得现在这些体会。

女人最傻最笨的一点，就是认为：男人要是喜欢自己，就应该这样，也应该那样。女孩儿们，这个观念在感情里，最不应该有。

举个博客上的例子，让大家知道，许多女人觉得他要是爱我，就应该每天打电话的真相是什么。

网友疑问：

最近有一个问题，我一直想不透，就是我同事和她男友已经交往一年，她男友还是每天都会打电话给她，有时候早上打，中午也打，从交往开始到现在，没有间断过。

但是，以我谈恋爱的经验以及老师在博客上所写的，男人只有在热恋的前几个月会每天打电话报备，后期就会恢复正常转为平淡，但是为何我同事跟她男友已经交往一年，男友还会每天报备，不仅每天报备，甚至一天好几通电话？想请问老师，为何她男友的做法，跟一般男生不同？

梦洗回复：

很简单啊！

你同事在这个部分中到头奖，就是这么简单。

人生很多事情，不是绝对不可能发生，只是概率的问题。

例如，有一个人十年只买一次大乐透，就中到头奖，这样有可能吗？有可能，但是发生这件事情的概率高吗？概率不高，不然大家都会抢着买。

癌症末期是不是都死定了？也不见得，有些人就治好了，但是概率高吗？概率不高，因为要是癌症末期治愈概率很高，就不叫末期啦！

男人热恋期比较殷勤，后期会渐渐平淡，这是常态，不是特例。试想，要是男人每天都会打电话超过十年是常态，很多女人就不会为这种问题而烦恼，男人度过热恋期不打电话才是常态，就像寒流来袭很多人会感冒一样是常态，所以我的病人才会很多啊！

你等着看吧，打一年电话又怎么样？他可以持续打十年电话，才是真的中大乐透。

这种问题只是个体性差异而已，没有什么想不透的，这跟想“为何是他中大乐透，不是我中大乐透”相同，因为他有运气，你没有运气，就是这么简单。

常态就是：没有中大乐透的人，比中大乐透的人多。所以，后期不打电话的男人，比后期会打电话的男人多，这样很容易理解吧！

答案就是这么简单，了解吗？

以上案例是要告诉大家：看完本书，你对于男人的认识，一定会更深刻，也会更清楚地了解，跟男人要求哪些事情，是在“一般常识的合理范围内”；跟男人要求哪些事情，是“以一般常识来说，根本是强人所难”。

再说个故事吧！我有一位客户，因为跟男友交往期间堕胎，后来身体一直很差，于是她经常有意无意地表现出一种态度：因为我为你拿掉孩子，所以你应该照顾我、负起责任、跟我结婚、容忍我的脾气。

用“应该”来要挟别人，是最不好的行为。为什么不好？因为他要是真的在乎你，也会希望你开心，刚开始情感勒索会有用，因为他会觉得自己有责任。

但是日积月累，要是你每件事情都以自己的付出或是用爱情当作筹码，他会越来越不耐烦，因为他虽然想配合，但是会觉得你的态度好像是他亏欠你。话说回来，他真的有亏欠你吗？以此例来说，因为女方当时也不想要小孩儿，堕胎是两个人都同意的选择，所以女方不应该觉得男友亏欠自己，并且表现出“我为你做这件事情，所以你应该多付出和配合”的态度，因为不是男友逼她拿掉小孩儿，而是双方都同意的选择。

而且，情感勒索必须建立于“他对你有感情”才可以行得通。要是你遇到烂人，情感勒索根本没有用，他已经不爱你，还会管你的死活，在乎你的要求吗？

一个不爱你的人，在面对情感勒索时，很有可能不当回事，然后迅速消失在你的生命中。他要是对你的要求会生气，其实多少也是因为真的在乎，觉得自己有责任让你幸福，可是又会因为做不到或是不愿意做，进而产生怒气。

再说到“如果你爱我，就应该……”这些事情，应该是双方商量的结果，而不是一方擅自决定，另一方就必须配合，因为大家不要忘记，他可以爱你，也可以不爱你，你越是逼他做不想做的事情，他对你的爱意就会消失得越快。

我不否认自己也有许多应该，也会希望我的爱人照单全收，但是希望归希望，事实归事实，最好我出门都“应该天气很好”，最好我找工作都“应该钱多事少”，最好我买大乐透都“应该中头奖”。

女人了解吗？你的“应该”是一回事，他要不要配合是另一回事。

当我们可以想到这层道理，在所有“他应该……”的念头产生时，就要反问自己：“他为什么应该这样？”

这个时候，彼此之间的体谅就会出现，我们不是站在野蛮女友的角度，非理性地要求男人“应该是神灯精灵，或是有读心术”，而是站在对方的角度想，如果我是男人，好像也不会觉得我应该做这些事情。

更进一步，我们可以设想到：如果我是他，对方用什么态度来要求，我会有更大的意愿去完成对方的期待？其实，这就是将心比心。热恋的激情退去以后，我们都是以平等的立场在相处，把公平的关系设定完成，才是一切的基础。所有那些“应该”，都是女对男或是男对女的妄想，回归到人类的本质，你就会发现，很多的应该，根本毫无道理。

最后举出几个范例，让大家实际演练时，有规则可以遵循：

情感勒索：反正工作和朋友都比我重要，你知道你几天没有打电话给我了吗？我觉得你根本不在乎我！

模范女友：你打电话给我，我很开心啊！我知道你最近工作很忙聚会很多，你还记得打电话给我，我真的很高兴！可以多跟我聊聊最近发生的事情吗？我很想知道。

（诀窍：男人打电话给你，你表现得很开心，他受到鼓励，以后会更愿意打！）

情感勒索：拿掉小孩儿以后，我的身体变得很差，虽然我知道我也同意拿掉，可是你不觉得应该更疼惜我吗？你到底什么时候才要娶我？

模范女友：不要介意啊，结婚花了不少钱，现在手头拮据，拿掉小孩儿是我们共同的决定。身体变得很差，是我的体质本来就不好，要是你愿意，可以多帮我做家事吗？要是没有办法也没有关系，我会尽力把自己照顾好。

（诀窍：越是不觉得自己可怜的人，反而越会受到敬重，男人知道你的身体不好是堕胎造成的，心里也会愧疚，但是你没有把责任推给他，他会非常感激，也会更愿意付出！）

情感勒索：“我嫁给你之后，已经吃尽苦头。你只知道工作，家里都不顾，你知道我有多委屈吗？你知道我们多久没有去旅游了吗？”

模范老婆：“老公，感谢你为这个家付出这么多，我知道你赚钱很辛苦，所以家里的事情，包括带爸妈去看病、带孩子们上学、做家事……我都愿意承担，但是最近我真的觉得很累，我需要度假，这样我才可以继续做你的贤内助。我已经跟爸妈和孩子聊过了，大家都很期待全家出去玩，请你安排时间吧！”

（诀窍：先感谢他的付出，也提到自己的贡献，再切入主题，希望他如何配合，说明方式温柔理性不带抱怨指责，不要让他选择要不要做，而是温和坚定地表达他必须这么做，加上孩子和公婆的恳求，更有说服力！）

这样，大家应该了解了吧？

请记住，人跟人是互相的，先为对方着想，对方也会为你着想。如果遇到只要你付出却不愿意配合的烂人，请离他越远越好，不要浪费时间在不值得的人身上！

卡关15 我不懂，有些男人在分手后为何还要跟前女友做朋友，是想劈腿吗？

梦洗说：“你错了，不一定都是别有居心，有时候只是因为怀念或愧疚。”

这是在博客里，网友提出的问题：

老师，你好，我有个问题想请问你。

这个问题就是：为什么男人可以跟前女友做朋友，而且毫不避讳又无所顾忌？

最近身边的一些朋友，也发生一些事例，都是分手以后，前男友又来关心的事。

实在很不理解男人的想法，既然当初想要分手，而且是如此坚决，不是应该彻底再见吗？

可是男人的再次出现，更多的时候对前女友来说，就像原先已经结痂的伤疤被再次揭开，然后可能发炎流血。

我想，如果真的想要对方幸福快乐的生活，最好的方式是，从此再也不要出现，彻底地消失在对方的生命中，而不是时过境迁以后，跑来跟对方说“我希望你能快乐”。

这是多么讽刺。

所以很不理解，梦洗老师，你可以回答我的问题吗？

男人会这么做，是因为站在男人的立场来说，男人希望所有的前女友都永远爱着他？享受被爱的感觉？

梦洗回复：

我经常不厌其烦地告诉女人，对于男人的某些天性，必须将其视为如同日升日落和瓜熟蒂落的“自然现象”一样，因为女人会为了男人痛苦，只是“不愿意接受事实和看清真相”。

我这么说吧，下雨很讨厌，刮风很烦人，但是你能拿它怎么样？你可以阻止下雨或是叫台风转向吗？不可能吧？我们可以做的事情，只是在能力范围以内，让自己减少损失，不要被影响到正常生活，就是这么简单。怕下雨？带把雨伞吧！怕刮风？做好防台措施啰！

男人有很多天性跟女人不同，有看我文章的朋友，应该都看过两性经典《男女大不同》这本书。没有看过的人，赶快去买一本来研究，谢谢（这本书不是我写的，不过我觉得男女都该看）。

但是，为何这些男女之间的差异，似乎不太困扰男性（纯属比较值，我知道很多“徐志摩”非常深情，也知道很多“罗密欧”也会殉情）？那是因为，越是阳刚的男人，越不会拘泥小节，越不会在意感情，越容易忘记不愉快的事情。

这就是为何隔离法有效，因为不管当初你们闹得多僵，男人对于感情方面的内存，容量极为有限。他们先天硬件的规格不像女人可以分成A、B、C、D、E槽，大概有A、B、C三个槽就很厉害了，总容量虽然不变，但是他们的构造不能同时保存很多不同领域的东西。不知道这样形容，大家了解吗？

总之，当他“爱情”这个槽开始放新女友的信息时，旧女友的信息除非太过惨烈，而且几乎都是痛苦记忆，不然他会很自然地把负面和惨痛经历扔掉，只保留美好的部分，这个跟男人的猎人天性也有关系。

猎人要是上一次猎山猪时被狠狠咬一口，然后念念不忘反复感受，你认为下次他还会敢挑战猎山猪吗（这个山猪的比喻，要是女性同胞抗议，我可以改成……呃……凤凰）？

就是因为这个猎人，经过一番奋战猎得山猪以后，他印象深刻的部分不是被山猪咬得很痛，而是征服山猪以后的狂喜和成就感，才会让他再次上山，准备征服下一个猎物。他要是只记得很痛的部分，就不会去挑战了。可以这样说，先把不愉快的记忆排除掉，是男人在世界上赖以维生的重要防御手段。

所以，男人要是每谈一次恋爱，都像我们女人一样，伤得严重，记得清楚（也有忘性奇佳和恢复力很强的女人，例如“现在的梦洗老师”就是），他们就会怕到不敢繁殖，然后人类就会绝种，大家了解吗？这是上帝给男人的礼物啊！

分手以后，男人对于彼此之间曾经发生过的问题，会因为“反正现在不归我管”而渐渐淡忘，对于个性不合的部分，会因为“不在身边没有直接面对面的冲突”而慢慢淡忘，但是对于“嘴唇很软”“抱起来很舒服”“很温柔有女人味”“对我很好付出很多”“是可以说心事的女人”的好印象，男人反而会念念不忘。

如果你去问一个纯正的男子汉，他为何对于前女友只记好不记坏？我猜，他大概会说：“干吗要把脑袋拿来记住不愉快的事情？”

多么王道的正解啊！但是大多数女性就是学不到男人这记绝招。

你们也可以通过观察发现，某些阴性特质比较强的男人，虽然不一定会变成同志，但是他们的个性真的比较偏向女性：情绪化、喜欢吃醋、会计较、心思细腻……我要强调，人格特质不分好坏，就像细腻过头会变成龟毛，优柔寡断也可以说是思虑周详，每种人格也都有欣赏及不欣赏它的人。大家挑对象时，不就是像买水果一样，从众多的特质里，挑自己喜欢中意的吗？

所以你说：“实在很不理解男人的想法，既然当初想要分手，而且是如此坚决，不是应该彻底再见吗？”

在男人的看法里就是很单纯的“此一时，彼一时”，男人是单纯只应付“当下状况”的生物，请女人要牢牢记住：远古时代，男人出门打猎，就是生死立判的事情，他们的全部精力只会聚焦在当下发生的状况，要是他还没有猎到山猪，就先想着，猎到山猪以后，一定要叫老婆先烤半只，再把半只腌起来。小宝不知道还会不会吐奶？明天要带他去给奶奶看看。晚上希望可以洗个热水澡，再跟老婆大战三百回合……

这个猎人要是敢这么心不在焉，完全没有“活在当下”，就一定会“死在当下”。

但是我们女人，经常发生一些小事，就能想象成一出三十集每集六十分钟的连续剧，这就是我为何经常提醒大家要活在当下。你能够活在当下，就能够在心态上更接近男人的原始天性。更何况，很多感情中的悲剧，往往是因为还没有发生我们就开始期待，而被自己的期待幻灭所惊醒，进而很不合逻辑地责怪男人为何没有完成我们的期待。(男人 OS：谁知道你有这些期待？)

所以，当男人无法忍受你要分手，意思只是，他综观所有条件无法再应付你，所以最好的解决方案是甩掉你，就这么简单啦！

但是，很可能风水轮流转，时空变迁，大家都换过一轮，他觉得你这盘寿司还是很好吃。这对男人的逻辑来说，完全不会矛盾，因为“此一时，彼一时”。

至于：“可是男人的再次出现，更多的时候对前女友来说，就像原先已经结痂的伤疤被再次揭开，然后可能发炎流血。”

哎呀！那是你的问题，不是他的顾虑啊！

吃寿司的人，要是想把寿司一口吃掉，是因为他觉得寿司的脸上挂着“我很美味，请享用，我很愿意被你吃掉”的笑容啊！

要是他知道这个寿司已经过期都坏掉了，他连闻都不会闻，还会凑近去闻味道，是因为他已经预设“以前吃的时候很好吃，所以这次吃应该也会很好吃”。

所以，当女人没有用非常手段去阻绝前男友，或是明确告知“本姑娘这辈子见你一次吐一次，别再出现在我面前”时，男人的印象中，我们还是一盘美味寿司，在轨道上旋转。总有一天，他会有机会拿起这个盘子，再度回想入口的美味。

就是因为这样，我才会跟当初写“最初和最后的情书”（请参考拙作《天下女人都会犯的错》之“错误19”）的前男友说，我这辈子不想再见到他。当我这么说时，我是真心的，我就是要跟他表明态度：就算我还是很美味，你也没有机会享用了！

但是，也有许多男人会认为，什么？我不相信我再也吃不到！你越是坚决不想见他，他越是要回来勾缠。

因此，大多数的前男友，除非深深体会到自己罪孽深重，也尊重你永不相见的誓言，不然他会以为你得到他的问候会很感动，毕竟你们曾经睡过，不，是爱过对方，那段时间的美好，正是因为不再复返而显得珍贵，就算正片已经绝版，看看预告片回味也行。

这段看法：我想，如果真的想要对方幸福快乐地生活，最好的方式是，从此再也不要出现，彻底地消逝在对方的生命中，而不是时过境迁以后，跑来跟对方说“我希望你能快乐”。

这个跟是男人还是女人无关，而是要看每个人的个性。我的某些朋友，一次只能针对一个对象，但是每个对象都会谈到遍体鳞伤彻底绝望以后，才会完全放弃。但不是每个前女友都不喜欢前男友问候，也不一定每个前男友都很喜欢旧情绵绵，会不会联络的变量要综合“分手原因”“分手经过”“分手气氛”“当事人个性”“感情基础”“分手以后的感情经历”去考虑，其实跟听天由命没有很大差别。

所以，还是跟刮风下雨一样，我们可以掌握的只有自己的做法和心态，要是你很确定再也不想见到他，那应该不是分手时说狠话、接近你方圆一百米以内你会报警处理、会去法院申请禁止令，就是换电话搬家换工作，除非他有超强情报网或是雇私家侦探，否则难以监控你的行踪，不然就是大家最常用的一招，看到他的信息时，不爽，删掉，当作没有这件事情。

某些前任我就是这么做，不然如何呢？对于不想联络的人，最忌讳打乒乓球，例如你如果回复："请你不要再打电话给我。"他就会回复："为什么？"你就要回复："这样我很困扰。"他又会回复："可是我想你。"你又要回复："我已经有男朋友了。"他又会回复："你有男朋友，不表示我不能想你。"有完没完啊！懂了吗？这样一来一往，烦不烦啊！还会激发你无谓的想象，如果你很确定不想回到他身边，就完全不要理他，过一阵子他自讨没趣，就不会再骚扰你。

还是老话一句：**我们无法控制别人要如何对待我们，我们可以控制或改变的只有自己看待那件事情的心态。**

至于最后那段："男人会这么做，是因为人性本贱？站在男人的立场来说，男人希望所有的前女友都永远爱着他？享受被爱的感觉？"

是，可以说是人性本贱，但是也可以说，这就是人性，没有贱不贱。我也有男客户帮女友买房买车，最后还是落得戴绿帽子的下场，后来那个劈腿女还回来找他，并且很忏悔地说："这么多男人中，还是你对我最好。"

我写文章，最希望教育大家的是：**人性就是人性，没有男女之分。**

男人确实有一些比较明显的特质，女人亦然。但是，玫瑰花兰花菊花都是花，虽然外观花色香味各异，但是当它们都被归在“花”的类别时，就会有同样身为花的共通天性。

人类也是一样，确实有很多种类，但是我们都是人啊！

我的经历大家都知道（有人不知道吗？把我两本书都看完就知道了），又不是没有被伤害过，没有被浪费过青春，但是浪费就浪费吧，错误就错误吧，后悔就后悔吧，我始终觉得，当初不笨一次，我会更后悔。

人生不是为了过去而活，而是为了现在而活，我的心愿很简单，就是每天都要过得开心，就算我跟每任男友到最后还是分手也无所谓。人生重要的是：**在过程中享受，在结果里成长。**

本来就没有保证成功的恋爱模式，我教大家的心法，其实一边是避免失败，另一边更重要的是即使失败仍然要快乐和自信。就算结婚，也未必能保证幸福，就算婚后幸福，也不知道可以维持多久，就算维持到两个人都七老八十，谁要先死？被留下的人还不是一样会很悲痛。

人生中“没有绝对正确的选择”。我也是最近几年，才体会到“既然怎么选都可能后悔，就选当下心里最想做，做了以后最满足的选项”。

我的文章，有些看起来好像都在骂女人，有些好像在说都是男人的错。其实，这不是矛盾或是错乱，而是不同的问题、不同的立场、不同的角度，看待一件事情的方向就会不同。你从大象的角度看，会觉得兔子很小；你从兔子的角度看，会觉得大象很大。

所以，被脚踏车压过，兔子可能会死掉，但是大象被脚踏车压过会怎么样？只是会痒一下吧？说不定还完全没有感觉！

有时候，男人在某些事情中的迟钝，就像大象一样皮糙肉厚，你不能怪他没有知觉，只能怪自己是兔子，而他是大象！

卡关16 男人劈腿偷吃，就像天灾一样，防不胜防，只能自认倒霉？

梦洸说：“你错了，还是有征兆可以观察的，也有方法可以预防。”

关于男人为何会偷吃劈腿，又应该如何防止，这应该是每个女人都很想知道的问题吧？

照例，我要先为自己消毒：这年头容易会错意的人说多不多，但是确实不少，为了避免被贴上女权主义者的标签，以及博客被网络酸民洗版，我要先强调，我不认为所有男人都会偷吃劈腿，我的经验和观察是：会的就是会，不会的就是不会。

我做咨询时，经常用狼与羊来举例，绝对不是亲子台的温馨卡通，有些男人和女人天生就是“狼”，可以说是“肉食男和肉食女”，有些男人和女人天生就是“羊”，可以说是“草食男和草食女”。

一只狼可能为了追求羊而短暂吃素，但是狼就是狼，吃素吃一阵子，还是会觉得不合本性，而回到大口吃肉的生活，所以习惯性劈腿的人，后天要根治的确是很难。

从生物学的观点来看，雄性的生命任务是繁殖，种子到处散播越多越好，但是人类与动物的不同在于：我们会思考，也可以用理性去克制生物性冲动。

思考导致文明产生，文明刺激社会变迁，社会变迁以后，许多古老传统与DNA赋予两性的生命任务，就会越来越多元化，因此一夫一妻制依照我来看，在越先进的国家，越将成为难以彻底落实的制度。我当然支持一夫一妻制，但是我敢预言，二十年以后，两性之间的关系绝对会改变面貌到我们无法想象的程度。

好啦，扯太远了，回归主题吧！

一个惯性劈腿的男人或女人，有一有二必有三，他们只会技巧越来越熟练，谎言越编越高明，但是不可能完全戒掉这个毛病，调情对于他们而言，除了追求新鲜刺激以外，有时候更是提升自信和成就感的来源。

但是，那些“不会”劈腿的男人，会不会有一天变成“会”？这个假设是肯定的，但是一个先天专情的男人，除非经历严重的感情创伤，否则不容易成为上述惯性劈腿犯的玩乐性质劈腿，而是会属于“虽然劈腿，但是内心根源是希望找到情感上的慰藉”。(一个是纯粹玩乐，一个是带有认真性质。)

如何尽可能去防止枕边人不知不觉往外跑？首先，我们除了扮演好自己的角色，不要成为黄脸婆、河东狮、小媳妇之外，**还必须知道男人出轨必须具备三个要素：机会、环境、意愿。**

上述三个要素，只要缺少其中一个，男人就没有办法把出轨偷吃的愿望落实。他可能会幻想，可能会逃避现实，可能会发展精神上的暧昧，但只要三个要素没有齐备，他就无法有真正的行动出现（男性读者一样可以用来观察女方）。

三要素之一：机会。

俗话说：机会是自己创造的。

所谓的机会，跟生活圈以及他本身的个性有关，跟帅不帅不一定有关，他是否能言善道，很会逗女孩儿开心？他是内向还是外向？他是超级放电机吗？他跟你在一起时，如果看到正妹，眼神就会飘过去吗（有一种更高明的玩主是反其道而行，故意目不斜视，等你不在时才去要电话）？

请注意，不是喜欢看辣妹的男人都有外遇危机，之前已经说过，必须具备三个要素，但是以比例来说，风趣幽默亲和力强的男人，会跟女人维持很好的关系，展现绅士风度，因此女人喜欢找他帮忙以及聊天诉苦（若他属于人好但欠缺魅力常被拒绝的类型则不用担心，这类型男人基本上有女友就夫复何求，根本不敢奢望还可以劈腿）。温柔随和的男人，就算不是帅哥，但是女人多半都会对他有很好的印象，因为他们本身个性就可以创造许多机会，也会无意之间放电电到很多人，所以环境许可又有意愿时，不愁找不到对象发展。

但是，这样到处有机会的男人，不一定会偷吃，若是他缺少环境因素（经济条件不允许、文化差异及距离、没有时间与异性相处、生涯规划不适合这么做），他可能心里很想，但是苦无环境配合，最后只能幻想或是做做梦罢了。

就算有机会又有适当环境，但是会不会出轨很重要的指标是他的意愿，没有偷吃意愿的男人，一种是他对现状很满意，他对你以及你们的关系认真和重视，既然他这么爱你，就不会想发展任何会毁坏你们感情的关系。

这几种男人偷吃概率也低：本身个性传统保守，他可能是虔诚教徒，遵守一夫一妻制，或是他的家教严格，道德标准不允许，或是他觉得工作事业摆第一，爱情不是他的重心，还有一种是嫌麻烦又不想说谎，喜欢日子单纯平淡。

不过呢，也有很多花花公子会以工作狂的名义到处劈腿，我的某个前任就是。唯一判断基准是，他有没有花费时间陪伴你经营关系。不必在意他是真的工作狂还是假的工作狂，男人要是重视你，就会花费时间相处（博客中史丹利名言：时间就像乳沟，硬挤就会有），不陪你没有任何借口，就是有其他事情比你重要。我们不必跟一个认为我们不重要的家伙浪费时间，不是吗？

当然，每对伴侣的相处模式不同，但是老师不鼓励每天黏在一起，缺点是容易腻，容易产生摩擦，容易不尊重对方，加上破坏女人对男人最大的吸引力——神秘感。

我觉得，最低限度一个月见两次面还在合理范围，如果你们相隔两地，又要另当别论。我跟老公远距离恋爱时，平均一年相处两到三个月，感情还是很好。

三要素之二：环境。

环境因素牵扯范围很广，他有没有经济能力？他上班的地方或生活圈有很多异性吗？他扣掉工作和家务的例行公事之外，有时间让他发展暧昧关系吗？

举个例子，把布拉德·皮特丢到无人荒岛上，就算他再帅，也没有搞头，难道要对大海耍帅，看看有没有美人鱼上岸吗？

再举个例子，许多其貌不扬的男人，只要是企业家、CEO、富二代，就会有许多女明星模特儿主动示好，这个也是环境因素。条件和身份才可以造就她们铺天盖地的环境啊！

但是，很多男人只要嘴巴够甜，不需要有钱有势，还是可以骗得一堆女人痴心。所以，凡事没有绝对，请大家参考就好。

我绝对不鼓励把男人当贼，请侦探二十四小时跟监，或是在他身上偷装芯片追踪器，或是把男人关在家里当宠物养……错错错，这跟以前男人给女人装贞操带有什么不同？

我们自身要是很难得很珍贵，就值得男人心悦诚服地爱，何必来高压统治那套，我觉得“就算得不到你的心，也要得到你的人”是狗屁论调，我只接受身心合一心甘情愿，只接受男人因为爱我，所以跟我在一起。

要是不爱我，你就滚蛋吧！再痛苦难过不舍，我也会自己去面对解决，但是在造成这样的局面之前，我们应该尽力地不能偷懒，应该预防不要摆烂。所以，对于男人处在哪些要素中，会让外遇偷吃概率大大提升，身为女人绝对要知道啊！

环境因素就算再好，但是对于缺少机会的男人来说，很可能虽然他身边围绕着各色美女，但是女人不是把他当作知己，就是把他当作姐妹，或是他自己魅力不够，财力不够，也会影响到女人愿不愿意跟他交往。缺少机会因素的男人，不管他身边有多少女人，或是他自己意愿有多高，很可能都像后宫里的太监一样，没有什么搞头。

一个男人可以吸引到多少异性，其实科学早就有实验证明：越有男子气概的男人，吸引到的女人越多，因为虽然我们没有察觉，但是男女两性在择偶的时候，都会被荷尔蒙所吸引去选择伴侣，雄性或雌性激素分泌比较多，通常男性或女性特征也会比较明显（就是很有男人味或女人味），也会不自觉吸引比较多的异性。

要是你的男人没有任何男子气概，虽然跟有个运动选手男友的女孩儿相比，你可以高枕无忧，但是因为另一半没有男性魅力，导致没有女人要跟你抢，也不知道是该高兴还是悲哀。

三要素之三：意愿。

看过之前两个要素，你们应该知道，没有机会又缺少环境的男人，想要偷吃出轨，简直难如登天，但是他如果极度渴望、非做不可、意愿很强，还是有解决办法啊！

最快速可以满足欲望的就是性交易，但是如果他连这些钱都没有或是不想花，比较下流的可能就是作奸犯科（这个好像不算劈腿偷吃）。

如果具备环境因素，也不缺少机会，最后一道防线就是男人的意愿，温香软玉在怀，他是否可以像柳下惠一样坐怀不乱？

我记得，有一个人（我不说名字，大家知道是谁就好）上节目，被问道：“如何应付身为公众人物带来的外遇诱惑？”他的回答诚恳又实在，大意差不多是：“要说诱惑，那是一定有的，哪个结婚的男人没有面对过诱惑？美色当前心痒难耐也是一定的，但是可以把持住不越界，就是因为你要想清楚，满足当下的欲望很容易，但是后面带来的无穷无尽的麻烦，可能是你在满足欲望时想也想不到的。”

说得多中肯、多实在啊！

但是，这段话有一个重点，不知道女性同胞们有没有发现，就是此人没有说“因为我很爱我老婆，所以我绝对不会背叛她”这种矫情的话，我不是说他不爱老婆，但是对男人来说，爱和性是可以切割的，所以他不偷吃，也不找外遇，不是因为对老婆爱意有多深，而是因为预料到他身为公众人物，做出这类事情会惹来麻烦，最糟糕的情况是还会危及事业。男人只要牵扯到江山，很抱歉，其他皆可抛（偶尔还是会有温莎公爵，但是物以稀为贵嘛）。

要是你的男人机会和环境都不缺，就要检视他的意愿。要是他对你们的关系很满意，要是他觉得招蜂引蝶是无聊又浪费时间的事情，要是他是位高权重害怕惹来麻烦的大人物（但是你也知道，有些大人物都是直接用买的送进套房里，干脆利落不啰唆），要是他对其他女人都性趣欠缺，一个没有意愿的男人，给他再适当的机会，给他再优渥的环境，他也不会偷吃劈腿。

所以，不希望糊里糊涂撞小三的女人们，可以针对“机会、环境、意愿”三要素来检视，他偷吃劈腿的概率有多高。

你也可以针对三个要素进行预防。我之前已经说过，只要缺少一个要素，就无法成事。所以，你不必三个要素都防堵，只要集中火力，确保其中最容易掌控的要素不失控就好了，要是三个要素都管得密不透风，不仅男人觉得累，你会觉得更累啊！

爱情不是人生的一切，为了一件无论你多努力还是有可能不如预期的事情拼尽全力，我会觉得不值得，而且当你太过刻意去搜寻每个蛛丝马迹，跟男人的关系怎么可能轻松愉快？

告诉大家三要素，是不希望有些女人“不知道自己怎会被劈腿”，不是要你们每天拿着三个要素，检查男人是不是有违规倾向。说实在的，心已经不在了，留住人有什么用？找第三者理论有什么用？一哭二闹三上吊有什么用？只是让自己显得更不堪，也消耗男人对你仅存的愧疚。

不要忘记一点：**当男人可以真正地尊敬你，男人才会爱你。**所以，我们不要把自己搞成歇斯底里的疯婆子，抓狂发脾气的时候是很有快感，但是每个女人事后都会后悔，后悔自己的失态，后悔自己没有留下美丽的背影。

至于如何预防？

以下三个方法，可以获得八成以上的预防功效：

1. 机会教育。

当新闻或周刊爆料某个名人偷吃劈腿被狗仔抓包，或是他无意之间透露他朋友偷吃劈腿时，你要立刻跟他说：“亲爱的，我绝对相信你不会这样做，伤害我们的感情，但是如果类似的事情发生，我会头也不回地离开，恭喜你有新对象，并且立刻跟追求者在一起。”

要注意，这是“机会教育”，不是“疲劳轰炸”，所以不要每天拿这件事情烦他，讲多了以后就像耳边风一样，他会不当一回事。如果可以，只要做一次，并且认真严肃地表态，好话不说第二遍啊！

2. 维持内在和外在的最佳状态。

这个应该不必我多说吧？男人除了瞎子以外，基本都是外貌协会的，就算是瞎子（没有不敬之意，萧大哥），也会重视触感。那些告诉你自己不在乎女人外表，以及对美女感冒的男人，都是缺少自信又不想挑战极限的。要是今天有卖宅男女神家用版女仆机器人，价格也还算合理，他们还是会立刻冲去排队购买的。

但是女人外表再美，如果个性差，也是留不住男人的。而大多数的男人，比较不在意女人的财力，除非他的愿望就是少奋斗二十年，不然你只要有正当工作，不靠他养也不会饿死，女人富不富有，其实是男人择偶条件中比较不在意的因素。他们最在意外表和个性，以及相处时的舒适度，持家能力和生育能力也很重要，个性不要差到离谱，外表不要丑到夸张，应该还是可以留住男人。

3. 站在他的立场说服他。

当他在“机会、环境、意愿”三要素都具备的情况下，诚恳坦白地跟他说，如果你跟他易地而处，也很难把持住，你不是不能想象他会有这种欲望，但是请他冷静思考这么做的后果，并且把所有你确定会发生的状况告诉他，最后让他自己决定，并且承担随之而来的责任。

大概就是这样，虽然我写了这么多，却总是觉得对于想偷吃的人来说，城墙堡垒都阻挡不住啊！

卡关语录

◎ 他没有亏欠你，爱情不是用来勒索对方的武器。

◎ 男人热恋期比较殷勤，后期会渐渐平淡，这是常态，不是特例。

◎ 在过程中享受，在结果里成长。

◎ 我们无法控制别人要如何对待我们，我们可以控制或改变的只有自己看待那件事情的心态。

◎ 人性就是人性，没有男女之分。

卡关17 我觉得自己是完美称职的好老婆，为何他还要有外遇？

梦洗说：“你错了，男人找外遇跟他爱不爱你和你够不够好，没有绝对关系。”

当初写这篇文章时，“犀利人妻”正热播，所以也有**许多网友提出外遇的疑问**：

老师，看了最近热播的电视剧，发现有个朋友的说法让我疑惑。是这样的，正在做小三的朋友说，男人假使不爱她，为何现在还要花费金钱和时间在她身上？男人带她去玩、吃饭付钱、逛街买单，难道这些不是爱的表现吗？

我觉得是爱才会付出，不然有这么笨的男人或女人吗？男人的老婆知道对方的存在，但是男人不打算离婚，也不想与外遇对象分手。

我不懂，男人对老婆是爱还是责任？给老婆和小孩儿生活费，老婆却不能管男人在外面的风花雪月，所以我真的不懂爱和不爱的定义，感情怎么会如此复杂？

在我做咨询的生涯中，外遇相关的问题也分析过无数次，简单分享十条个人心得给所有当局者迷的朋友作为参考：

（注：如果你不会有外遇，无论是男人还是女人，请勿自动对号入座："但是我不会这样啊！"废话，你不会有外遇，还来看会有外遇的人之心态干吗？这篇是写给苦于另一半可能或是已经有外遇的男女原配看的啊！）

1. 男人的时间、心力、金钱，就是等于爱。我说过很多遍，确实是如此。

在某些男人的观念里，爱情、激情、责任，不会互相抵触。这是女人永远无法理解（或是很难理解）的领域。

听好了，我再重复一次：

"在某些男人的观念里，爱情、激情、责任，不会互相抵触。"

对小三是爱情和激情，对原配是爱情和责任，对某些男人来说，这就像工作和嗜好，工作是为了赚钱养家成就社会地位，嗜好是为了兴趣舒缓放松交朋友，怎么会抵触？

某些男人可以将工作和兴趣结合，乐在工作，嗜好就是工作，但是你不能要求所有男人都把工作看得跟兴趣和嗜好同样有趣，许多人就是"工作归工作，兴趣归兴趣"。

更何况，很多人的兴趣和嗜好如果变成工作，就会完全失去趣味，小三的魅力就在于她是小三，如果她成为原配，男人只好再去寻找新的兴趣和嗜好，这种事情很常见啊！

2. 爱情不是有你无我、非黑即白的世界。

我的文章里说过很多次，**专情是理想而不是人性。**在我的观察中，任何人无论男女，只要机会和环境允许，出现的对象比旧的更让自己心动渴望，不要自欺欺人了，如果此时告诉你，有方法可以跟这个人谈恋爱，而又不会被发现，谁不愿意就是见鬼啦！良心？我已经说过，前提是不会被发现哦，很难抗拒吧？

单一配偶论，是大多数人的期望，却不是所有人的现状，那是一种理想，理想本来就不是每个人都可以达成的。

会认为另一半“既然爱我，怎么可以变心”的人，通常是自己很专情（但是专情有时候只是因为懒得换，毕竟重新适应很麻烦），因此无法理解世界上有花心人种，可是世界上就是有，而且为数不少。

我的意思不是说，既然如此，当配偶选择出轨时，我们应该欣然接受。我遇到这种事情时，不会处理得比大家好，因为当局者迷，但是我觉得稍微发神经可以，冷静下来还是必须也应该接受，因为你不让自己面对现实，他还是会心往外飞啊！

“以爱之名，可以给对方最好的礼物，就是允许他有自由的权利”。

鼓励我们诚实面对自己，但是没有要求我们违背本性，坚持一段已经不适合自己的关系。会这样要求的只有我们自己，只有社会的框架和道德的约束。《与神对话》中说，神鼓励我们活出真实自我，凡是一段关系无法再让我们快乐满足，并且活出真实面貌时，那这或许不是一段应该持续下去的关系。

3. 如何看待责任与爱情的差异。

责任与爱情都包括“不希望对方不幸，希望对方过得好”的动机，但是责任可以不包括感情的参与。例如，很多有外遇的男人，还是会负起经济上的责任去扶养妻儿，但要是有其他男人愿意帮他扛，或是原配要求离婚拿钱走人从此两清，很多男人也会同意，因为他没有太多感情上的涉入，甚至更多人是松一口气，因为“终于不必再扛这个责任”。

但是爱一个人，就会想要参与他的生活，并且以男人来说，有一句陈词滥调是：我希望可以给她幸福。这种感情上的涉入，除了责任（物质层面的照顾）以外，还会希望自己是“对方幸福的创造者”（物质和心灵双方面的照顾）。有没有这份希望对方因为自己而幸福的心，就是爱与不爱的差异。爱着对方时，总是会想亲力亲为，让那个人快乐，这是基本人性。

但是，责任通常也是从付出的等价交换中产生，男人付出并且期望女人感激，女人付出并且希望男人回报。当天平开始倾斜时，猜疑、抱怨、不满、占有欲就会随之而来，爱情也会开始变质。

4. 男人要放松逃避，女人要情感满足。

男人跟女人外遇的差异从“大多数”情况来说，男人要的是从责任压力例行公事中放松，就像玩在线游戏或是运动减压没有很大差别，只是外遇问题处理不好，不是休养、疗伤就可以解决的。至于女人有外遇，通常是从老公那里已经无法“得到恋爱的感觉，以及证明身为女人的魅力”，很多女人结婚多年以后，角色已经变成“孩子的妈”“媳妇”“老婆”，而不是“女人”。

有网友问我女人为何有外遇的问题，其实很简单，她要的只是谈恋爱那种可以让自己容光焕发、为心爱的男人打扮、穿性感内衣的兴奋感受。进入婚姻生活中，男女双方都会逐渐不在意对方的小细节，这是安心习惯的缘故，也是浪漫的最大杀手。重视夫妻情趣的伴侣，才可以消除婚姻生活带来的伤害，但是不想经营，或是只有自己努力，另一半不愿意配合，长此以往，要是心里的火苗没有熄灭，出轨也是迟早的事情。

因此，女人如果有外遇，通常会希望跟老公离婚，转投情郎怀抱，因为情感已经转移到新对象时，女人很难再跟没有感觉的人同床共枕。当然，也有玩得起的女人，单纯只为解决生理需求而找外遇，但是毕竟是少数，除非男女天性对调，不然一般来说女人还是重视“性爱并存”，甚至会“越做越爱”。相较之下，男人比较能做到“性爱切割”。

我是说相较之下，所以不要再有深情男跟我强调，自己会因为爱情而义无反顾了，好吗?

5. 爱情一定包含付出吗？是的，爱情一定包含付出，但是付出不一定因为有爱情（很多付出的动机，是为了控制）。

这就是我为何千叮万嘱小气男碰不得，因为男人要是爱你，就不会对你小气，对你小气的男人，其实更爱他自己，他活该没有女人可以抱，那么不想花钱，打光棍就好啦！

但是，男女双方天性付出爱的方式本来就不同，男性会强调“责任承诺”(越爱对方，越怕给不起)，女性会强调“照顾抚慰”(越爱对方，越是给得多)，一个偏向物质层面，一个偏向精神层面，很多人会抱怨伴侣不爱自己，也是从这个差异而来。

写给男性：一个女人如果总是在利用你，要你请她吃饭、买衣服、逛街买单，但是没有感谢，没有温柔体贴的回报（例如，听你诉苦、帮你按摩、帮你节省花费、在别人面前给你面子、主动关心你的需求)，那她也不是爱你，她是更爱自己。

外遇中的付出，不一定有爱情，通常是迷恋。迷恋就像买新的智能型手机会玩个不停，或是抢到限量版名牌包会到处炫耀一样，但是也有可能几个月以后看腻了，立刻转手卖掉。有一个重点是，人际关系就是等价交换，世界上没有那么多笨到以为完全不付出就可以得到爱的人，所以一般通用的游戏规则还是“想得到甜头，必须先投资”，不一定是有多爱，因为不付出很可能无法得到他期望的结果，所以要先投资下去看看状况啊！

至于那些完全不付出还会有人爱的人，我只能说，他们运气很好，但是没有人天天如此啦！现世报来得很快。

真爱跟迷恋的差别，就是在于，可以心甘情愿地付出多久。例如，父母对孩子的付出，通常是一辈子不间断，但是在外遇中，如果没有下定决心去爱，只是短暂激情迷恋，一旦到手很容易腻掉，不然也会慢慢觉得不值得。

6. 往事不必再提，尤其是另一半变心的时候。

每个人在翻旧账的时候，记性总是特别好。例如，“你说过会永远爱我！”（“说过”就表示是过去式，一定要面对现实啊！）

“你以前承诺，不会爱上其他女人。”（那是以前，小姐，请你回神啊！）

“你答应过要娶我！”“你说过要离婚！”（只要他不是立刻去做，你就听听爽一下，这种话谁不会讲？做得到比较实在。）

“你不能离开我，你是我唯一的女人！”（但是，你不是她唯一的男人，她还有“小王”啊！）

我觉得所有感情的问题，都是因为“无法接受爱情会变质”。

事实上，维持爱情的浓度，就像三十年都要维持相同体重一样，是需要花费毅力和耐力的事情，有时候还要碰运气。爱其实是一种决定（出自《与神对话》），所以不爱，当然也是一种决定。

三十年维持相同体重，某些人觉得很容易，某些人觉得很困难（我觉得超困难），能不能在婚姻关系中长久忠诚，跟这个人的本性有很大关系。本性外遇概率大的人，遇到流年催动或是机缘巧合，便给他先天的能量找到了出口，但是不会找外遇的人，其实就是“没有这个需求”“安于现状不想改变”，就这么简单。

然后，请你想想自己不爱而决绝的时候。当自己被别人伤害的时候，我们很少会想起也曾经伤害过别人，既然你可以离开爱你的那个人，他当然也可以为了某个人而离开你。

7. 你的人生意义不是做他的老婆，他的人生意义不是做你的老公。

每个人的人生意义，其实都是圆满自己，完成不为别人只为自己而做的事情，完成自己会为自己感到骄傲的事情，完成不必依附在“谁的老婆”“谁的孩子”“谁的先生”这些角色上，可以从心里欢喜满足的事情。

任何一件事只要是为了让别人爱自己而做，到最后很容易会失望，因为以付出来交换爱情，不是筹码越赌越大，付出与回收越来越不成正比，就是越来越会计较精算，做每件事情都要看到对方有响应(还要是自己期望的响应)，这样长久下来，相处压力就会变得很大。

我因为天性使然，以前也是付出过多期望过多，所以我花费十年时间去努力调整成现在这样。天性很难完全改变，但是当我发现自己又在“尽力付出，希望对方可以爱我”时，就会提醒自己不要傻，要么别付出，要么别期望。对方有良心可以感觉到并且回馈，是我们命好有福气选对人，但是他如果拍拍屁股吃饱走人，也是他的权利。

8. 另一半有外遇，就要选择离开吗？

这个问题的复杂度很高，各种因素的交互影响跟准确预测股市涨跌有得比，我不是婚姻达人，而且我结婚没有多久（2012 年 9 月），所以这个问题我无法给任何人正确答案。我只能说，以下这些因素你都必须考虑进去：

——交往和结婚时间长短。

——双方亲友团联系羁绊。

——生活圈重叠，以及被制约的习惯。

——是否有小孩儿。

——财务相关牵扯。

——掌握对方多少秘密情报。

——不甘心和执念有多深。

——双方的感情还剩下多少。

——是否共同渡过难关有革命情感。

我想到的因素，大概就是这些。

满足以上越多条件，其实就会越难切割。人心毕竟是肉做的，就算贪恋新鲜，对于过往费心经营的事物，还是会感到不舍。之前看过一篇文章，大意是说：有一个原配知道老公有外遇，但是不吵不闹装作不知情，继续做好分内的事情，维持贤妻良母的形象，然后更好地经营自己，开始学习才艺到处旅游，把生活过得多彩多姿。几年以后，老公逐渐对小三感到厌烦，发现原配谈吐有深度更有魅力，选择与小三分手，回到原配身边。

说实话，这个故事忽略一个重点，如果小三也像原配一样，不在乎男人，经营自己的生活，男人也是会舍不得，到时候鹿死谁手很难说。

所以，关键在于，无论你的男人要选谁，你应该好好活出自己，即使失去爱情，你还有自己，而且也会遇到更适合的男人。

更激进离谱的观念是，为何要等男人“选”？我们也可以选择不要他，也可以跟其他男人假装约会气气他，已婚也还是很有行情的啊！

9. 给小三的良心建议。

我曾经有个前任是离过婚有小孩儿的，因为爱他当时我就接受了，但是现在回头想想，如果可以选择，我不想搞得这么复杂。

我不喜欢做小三跟道德完全无关，只是喜欢感情世界简单一点儿，以免影响我的工作，因为我的个性“现在”跟男人很像，最重视自己，然后是事业，至于老公家人朋友，如果我把自己和事业顾得很好，他们也会获益啊！

我当年虽然不是小三，只是爱的男人离过婚有孩子，还是会担忧他的孩子不喜欢我，又担忧他的前妻每次来看孩子可能跟他旧情复燃，搞得自己胡思乱想钻牛角尖以泪洗面。我又会忍不住问他前妻的事情，经常无聊地跟他的前妻比较，还会在他的孩子生日时费心挑选礼物，只是为了希望孩子在老爸面前帮我美言几句。

但是现在的我，会觉得谁有闲工夫搞这些啊！

要是他没有这些经历，确实可以减少我的负面思考循环，跟有过去的男人交往不是不好，可是这些过去会阴魂不散地纠缠你往后的生活，你最好要有心理准备。

当然谁没有过去啊！但是，“有很多前女友”的杀伤力和复杂程度，绝对不会比“跟他生孩子的前妻”严重。

先不提他会不会为你而离婚，离婚以后他的财产需不需要分给前妻？离婚以后小孩儿要给谁带？要是男方带，你是不是要做现成后母？要是女方带，他是不是要给赡养费？既然他是为你离婚，你认为男方亲友对你的观感会好吗？是不是需要花费更大耐心去磨合？有的人还会遇到社会舆论的问题。

反过来说，要是对方一毛钱都不给前妻，小孩儿也弃养，不在乎社会眼光，这样的人品值得你托付一辈子吗？你不担心自己有一天也会被用过就丢吗？

在我的客户中，有一个“模范”小三，知道自己完全不想担负大老婆的责任和义务，因此男人每次无法忍受原配的脾气想离婚时，她还会劝男友要多忍耐，因为男人要是离婚就换她倒霉，她只想轻松享受男人偶尔甜蜜的温存。

其实我认为，她非常清楚自己要什么，也没有打算破坏男人婚姻，男人还因为外遇的愧疚，比较可以容忍原配的火爆脾气，甚至后来原配也有外遇，这个模范小三还劝男友要原谅，再给老婆一次机会，真是比原配更贤淑啊！

男女关系的排列组合不必硬要扣上道德的帽子，道德只有在乎的人会遵守，不在乎的人你骂到吐血，他还是过着太平安乐的日子，通常原配越骂，男人越觉得幸好摆脱你这个疯婆子了。

10. 我要是撞到小三……

我一直希望自己可以“就事论事不带情绪”，我的自我期许很高，高到希望自己如果遇到这类惨事，也可以理性冷静应战，但是经验告诉我“不可能”，因为我遇到大概还是会抓狂，但是我不会谴责小三，而是会惩罚我的男人。

理由是：聪明的女人，很少会选择做真情小三（抱歉，我真的很直接)。聪明的小三，不会让我知道她的存在（如果她很厉害，当我知道的时候，也是我被取代的时候)。所以，得出一个结论是：这个小三，如果不是被我老公欺骗，就是她以为自己很聪明（越谴责是笨蛋，她会越爽，所以不必浪费口水谴责)。

既然遇到一个笨蛋，或是自以为聪明的人，我首先考虑的不是如何跟这个女人比输赢，而是我到底还要不要我老公？以这个为基础，接下来才知道怎么打仗。

首先要注意，去跟第三者谈判这件事情，本身就是在灭自己威风。无论男人还爱不爱我们，都要维持身为原配的尊严，那个尊严就是，要是我老公求我跟你见面还可以，要我求你放过我老公免谈！

原配绝对不可以让自己跟小三“地位平等”，所以第一步就是绝对不跟小三接触，要骂就请亲友代劳不失风度，小三有任何问题请通过老公转达，这样的好处就是，小三会专注地烦男人（因为烦不到我们)，闹了一阵子以后，男人绝对会腻。

要是不小心被小三逮到，请把她当作空气，就算对方青春肉体貌美无敌，也是把她当作空气，彻底藐视的态度，才可以把小三逼到抓狂。要是逼不得已必须谈判时，也要维持冷静态度，男人都是同情弱者，声音大的一方，无论有理无理，男人都会觉得讨厌，楚楚可怜的一方，则会备受怜惜。

让自己焕然一新也必不可少，反正男人有错在先，就花他的钱来犒赏自己，旅游购物保养美容，前男友或追求者就约出来喝下午茶诉苦。(要是他已经有外遇，还不准你花他的钱，这种没有良心的男人，就让给小三啦！）

以上是我的初步策略，但是我真心希望永远不会用到，何况到时候有没有用也很难说，但是“维持优雅风度，不失原配尊严”，是我最在乎的中心思想。

很多原配关心的问题是，破坏别人的婚姻，会不会有报应？其实当然有，但是跟你以为的报应不同，根据我某些成功扶正的小三客户说：“很后悔，我觉得原配应该感谢我，因为真正跟他在一起过日子以后，我觉得很累很辛苦，一点儿都不甜蜜，而且他很难伺候。”

不然就是第二种结局：“男人还会有小四小五小六，因为怎么来就会怎么走。”

当然，也有获得原配成全，“拆散一对怨偶，成全两对佳偶”的美谈。但是，这多半是在当事人成熟理性的前提下，才可以做到放手不留怨恨。

所以，要是我哪天遇到小三，但是已经成熟到不需要任何人和任何事来圆满我时，我也很可能是干脆放手的原配。

毕竟未来无法预期，我们只能在每个当下做到最好，期许可以因此换得美好愿景。

无论外在环境如何改变，我们都可以决定自己的心态，恨或爱，只在一念之间。

人生很多事情，本来就没有意义，只是过程而已，但是也因为如此，你觉得幸福，处处是天堂，你觉得痛苦，处处皆地狱。

现代的婚姻啊……

卡关 18 经常听人说“男人的过去就是他的未来”，这是表示花心男就会永远花心吗？

梦洗说：“你错了，不完全是这个意思，这个涉及很多层面，请听我细细道来。”

服用建议：

这篇文章，主要是写给那些“不了解身边某些男人为何不愿意改掉对自己有害的行为模式”的女人看的，所以我只好不厌其烦地再次强调，如果在看这篇文章的你是个好男人，没有不良习惯，而且觉得自己才是被女人欺负的可怜虫，请不要再跳进来对号入座啦！我老公看我文章的时候，从来不会跳进来对号入座，因为他知道自己不是那些问题男人。

网友留言：

男人的过去，就是他的未来？这个是有根据的吗？

梦洗回复：

这么说吧，我不可能达到阅人无数的等级，但也算是见多识广，我的感情经验、朋友的感情经验、上千位咨询个案（我喜欢称他们为客户）的感情经验，几乎都说明一个事实：

除非这个男人被外星人抓到飞船上换脑，否则的确，他过去的个性、行为模式、生活习惯，几乎也会是他往后的个性、行为模式、生活习惯。

所谓“牛牵到北京还是牛”，女人的构造是比较复杂的，男人单纯直接，而且多半活在当下，如果你的男人复杂难搞，总是活在过去，就说明这男人特性很强，个性像女人一样，喜欢胡思乱想、无限上纲，但是大多数的正常男人，其行为和个性都是一以贯之，不会很难预测。

男人的过去，需要他之前有一定的历史基础作为参考值，如果他只是十八岁的年轻人，那么个性和爱情模式还没有定型，太年轻的人无论男女，不完全适用“他的过去，就是他的未来”这句话。

记得以前看过一部凯特·哈德森主演的电影《爱情合作社》，剧里有一个外交官遇到心仪的女子，二话不说，先送一个爱马仕的凯莉包，让女主角以为自己备受重视与宠爱，最后才知道收过凯莉包的女人，不是只有她一个。

我所谓“男人的过去，就是他的未来”，差不多就是这个意思。**男人在他曾经获得成功的模式上，具有无比的执着。**例如，他曾经用凯莉包征服许多女人，就会觉得“这招很好用，为何不继续用下去”，男人没有女人那么多变的心思，不会在一个女人身上变化多端地去讨好，他又不是孙悟空。

如果他“变化多端去讨好”，表示那些看似繁复的追求花样，其实是他学习得来的经验。例如，他的前任可能教过他，逢年过节要送花送礼，晨昏定省要关心问候，因此他学习到，使用这些方法女人会开心，就会不假思索地沿用，套一句广告台词：已经做对的事，为何要改变？

我有个前任，就深知其中奥妙，因为我跟他认识很久，连他换过几任女友都知道，而且他也喜欢向我请教男女情感的问题，所以他怎么追求怎么相处，我觉得大纲都差不多，只有细节部分会为每任女友微调而已。大致上，他追求女孩儿时，一定会温馨地接送你。他的厨艺高明，所以施展身手讨女孩儿开心也是必备的。他的言语幽默，所以偶尔打情骂俏，也会逗得女孩儿乐开怀。以男人来说，这几招非常好用，所以他在追求这条路上，至今几乎是只有不想追，还没有追不到。

男人无论在感情上、事业上、人际关系上，经常不想换条新路走走看，就像是玩电子游戏，如果按照攻略秘籍发现这样可以顺利过关，男人就会觉得：“当然是要这样走，才会过关啊！”只要他们使用某种模式让事情成功，男人就会倾向一直使用，直到这招开始很明显不管用超过三次为止。

也是因为如此，造就男人很多死德行，就算女人念死他，也不会彻底改变。要他戒烟，他会觉得还没有抽死，所以“根据以往经验”，还没有抽死，表示抽烟不一定会死，就会继续抽烟。要他别喝酒别晚归，也是相同道理，他觉得过去几十年都是这样，没有出现任何问题，所以“根据以往经验”，就是没有问题。要他别开快车，他也会觉得，开快车已经几十年，没有撞死过人，所以“根据以往经验”，就会继续开快车。

这个时候，女人就会有一个疑问：难道男人不珍惜他的性命吗？

我告诉你，男人也会珍惜他的性命，可是他们珍惜的方式跟女人不同，比较像是在走钢索，总是认为：那个倒霉的人不是自己，而是其他男人。这个要追溯到远古时代狩猎时期，每个男人出去打猎都知道自己有可能会死，但是也因为追捕猎物的快感导致肾上腺素激增。我们可以这样说，从基因里刻画的，就是男人又想活命，但是又想冒险！所有男人都有这两种矛盾个性，他难道不知道搞外遇会玩出火？他或许知道，也或许想过，但是更想冒险试试看，自己是不是有那么倒霉，说不定他就是那个在老婆发现有小三以前，小三自行失踪或是意外身亡的幸运儿。

我还有个前任曾经荒唐过，伤了很多女人的心，而且他是被初恋女友背叛以后，才开始不相信女人而展开报复的，相当自私可恶。我曾经骂过他，初恋女友背叛你，关后面那些女人什么事（我也是其中一个）？你没有遇过女人被你玩弄以后，想要自杀或是跟你同归于尽吗？你不知道女人狠毒起来可以整死你吗？

他竟回答：“我从来没有想过耶，你们女人真的这么可怕吗？会做出什么事啊？”

哈哈！那个时候，我心里想，无知是福啊！

有些玩女人玩到原配或是小三自杀的男人，只是他以前没有遇过女人想不开而自杀，所以就会“根据以往经验”，觉得玩女人没有关系，花心也没有关系，反正没有人会死啊！

女人闹自杀，会让浪子回头，不再游戏人间吗？不可能！我当年问过浪子前任，他说自己只会避开喜欢搞自杀想不开的女人。例如，只跟好吃又不黏牙的女人玩，如果发现这个女人又开始太在乎他，他就会躲得远远的。我个人属于好吃又不黏牙的人，我认为男人那么多，何必为了一个浑蛋，放弃自己的人生？

我的大弟和二弟，经常会充当我的“男人顾问”，我会好奇地问他们许多“男人为何会这样”的问题。记得有一次真的是经典，二弟跟我是同母异父，父亲节到了，妈妈嘱咐他要打电话给爸爸祝贺，二弟打了一通、两通、三通，他爸爸没有接，所以二弟就回报妈妈：“我打了，老爸没有接。”然后妈妈就说：“不然你传个信息，祝他父亲节快乐吧！”二弟却说：“不要。”妈妈很不解地问：“为何不要，只是传个信息啊！”二弟却说：“我就是不要，传信息很麻烦。”这个时候，妈妈有些生气，就说：“只是传个信息，哪里麻烦？”二弟继续说：“哎哟，不传也不会死啦！”妈妈好说歹说，二弟就是不愿意传信息。

后来，妈妈气消以后，我把大弟和二弟找来问，因为我实在非常不解，只是传个信息啊！

两个弟弟给我的回答是：“老姐，我们男人内心其实都希望，每天只要做自己想做的事情，以及不想做的事情就绝对不做。”（其实，女人应该也是这么想，但是不一定会实践。）

这里有一个诀窍：对于男人不愿意做的事情，如果你让他养成习惯，他以后即使不愿意，也会去做啊！

大弟继续说：“男人其实都觉得，假使自己说不定明天就会死，那么如果今天是活在世界上的最后一天，无论是多小的事情，如果我们勉强自己做，然后明天就死了，我们会觉得很不爽，临死以前的宝贵时间，竟然拿来做不愿意做的事情！”

“所以，依照我们男人的个性，遇到一件很想做的事情，即使这件事情不应该做，我们还是会冒险试试看，有时候就是因为，假设我明天就死了，至少我今天过得很爽啊！”

女人可以理解吗？我们女人思考事情做出决定，看的是十年二十年三十年以后的规划，可是男人往往想的是，我不知道可以活多久，趁着可以快活的时候尽量快活，才是不枉此生啊！（再度重申，不是所有男人都是这样。）

我的二弟不愿意传信息，也是一个简单心态——我就是嫌麻烦，所以只要我不做，又不会怎么样，我就是赚到啦！反过来说就是，要是我做出不应该做的事情，却没有受到惩罚，我也是赚到啦！

每个背着老婆做坏事的男人，其实都有赌徒心态——要是没有被发现，我就是赚到啦！男人不必急着辩解，我没有说你们不会愧疚，可是如果劈腿找外遇偷吃跟劫机杀人抢银行一样是失败风险高的事情，你们会做的概率一定小很多，就是因为这件事情“可以赌看看后果会不会很糟”，你们才会冒着风险去试试看，男人多半都有赌博的天性。

更何况，男人做出很多女人觉得“怎么不会思考后果”的傻事时，其实在男人的眼里反而会变成英雄行为，不然就不会有极限运动。男人难道不知道，登山、赛车、拳击、武术、枪战，每样都有生命危险？他们知道，但是可以超越这些危险的男人，就是真男人，就是大英雄，侥幸不死，你就是英雄。（人类文化是靠炮灰推动的啊？）

所以，那些被女人骂到滚瓜烂熟的事情。例如，抽烟、酗酒、赌博、嫖妓、养小三小四小五……如果真的被他逃过女人或死神的制裁，男人也会觉得自己是英雄，因为其他男人都出事了，都玩挂了，可是他却躲过去了！这样不仅不会制止他，反而会加强他的信念：我真的是神所选择的天之骄子，别人这样搞行不通，但是我却行得通！

这就是为何男人的过去几乎可以决定他的未来，因为若是他以这样的个性和行为模式闯荡江湖数十年，还可以存活到现在，试问一个老猎人会改变他的狩猎方式呢，还是对他赖以存活至今的狩猎方式深信不疑？

男人不仅会深信不疑，还会养出一堆徒子徒孙，这也是为何男人之间的“师徒情谊”非常坚固。无论是体育、事业、男人都会崇拜并且追随在这个领域里被奉为高手的男人啊！

我经常跟女人说：“男人是不会改变的，就算有一天他改变，也不是为了你改变，而是他觉得再不改变，恐怕真的要死了，他才会改变，你只是在他愿意改变的时候，刚好在旁边而已。”

要是失去你，他真的会死，男人也会愿意改变，但是要对方在乎我们到达他会死掉的程度，也是不容易，更是可怕啊（浓烈的爱本身就是压力）！

由此可知，如果你了解“男人不会改变他的个性、脾气、生活习惯”，而去找一个“过去的历史都证明他专情”的男人，除非他被雷打到，不然按照常理，他专情的概率还是比花心的概率大。要是这个男人数十年花心如一日，也是除非他被雷打到，或是已经玩不动没有本钱，不然按照常理，他会继续花心下去，因为这已经成为他生活的一部分。

由此可以推论，喜欢赌博的男人，一定要搞到被追杀，才会觉得真的不赌了；喜欢喝酒的男人，也要因为酒精失去老婆孩子工作，才会觉悟应该戒酒；工作狂也通常要搞到爆肝，才会愿意认真调养身体。

聪明的女人，要是可以选择“专情、顾家、温柔、体贴、没有不良习惯、过去情史正常”的男人，不是可以省去很多改变他，甚至可能徒劳无功的时间和力气吗?

我就是想通这层道理才会选择我老公的，以后他会不会改变我不知道，但是过去的他跟现在的他，都是专情负责、正向乐观、情绪稳定、沟通无碍、幽默风趣、善于交际……有这么多我喜欢特质的好男人。

我已经老大不小了，还要叫我糊里糊涂爱上男人，然后发现他有很多问题以后改变他，实在是浪费时间。聪明的女人，不应该本末倒置，先知道自己要的是怎样的关系，以及怎样的男人可以给自己想要的关系，然后去观察身边是否有这样的男人，或是用某些规则去量身定做，绝对都会比你受到荷尔蒙吸引陷进去，最后发现所托非人更省时省事省力。

卡关19 男人这种生物，是不是一定要念他或是凶他，才会愿意听话？

梦洗说："你错了，男人不喜欢被控制，请用聪明的方法和行为引导他。"

男人的天性是懒，以及怕麻烦。

这是我两个弟弟不断给我洗脑的男人两大天性，只要是男人，就算是同志朋友，都会"懒"以及"怕麻烦"（非常勤劳的男人，通常是经过训练，而不是天生的）。请女人要牢牢记住：男人不是不爱你，可是懒的时候，就会不想出门不想动，怕麻烦的时候，就会说谎甚至干脆不说。这不是表示，男人既然懒又怕麻烦，我们只能完全被动，等他偶尔不懒主动邀约。请大家想象一下，赶牛出去散步的牧场主人，你以为牛很喜欢散步？牛也很想吃饱睡睡饱吃啊！

重点是：牧场主人不会赶牛去散步时，还在不断碎念："我就知道你不爱我，你连这些事情都不愿意做……"或是说："我决定让你睡死啦！"牧场主人只是毫无情绪地做自己应该做的事情：赶牛出去散步。

所以，**毫无情绪地跟男人下达指令，让他知道这是应该做的事**

情，才是有效的做法，才可以得到我们想要的结果。牛要在那边拖着迟缓脚步慢慢移动，我们可以继续不带情绪地赶它，反正让它知道自己就是要去散步。

久而久之，牛就会养成习惯，时间一到，自己就会起身，因为它知道：差不多要散步啦！

人生很奇妙，无论多痛苦的事情，如果养成习惯，就会渐渐不以为苦。这就是为何“懒”以及“怕麻烦”的男人，也会每天接送女人上下班，每天照三餐报备行踪，不是因为基于爱，也不是他们想要做，而是他们“被制约”。

要是这只牛抵死不从，无论怎么赶它，都不愿意散步呢？

很简单啊，就不要理它，别给它饲料，让它看到其他出去散步的牛都有饲料吃。也就是，我们放纵他，去经营自己的生活，去认识其他的对象，只洗自己用过的碗盘和衣服，他要是饿到受不了，就会乖乖照办，要是他选择饿死，也是他的自由。

我有个朋友很酷，为了训练老公洗衣服，她硬生生把衣服就堆着，堆了三个月，等她老公连最后一条内裤也穿掉以后，这个大男人总算愿意尝试操作洗衣机了。

很多女人总是会犯下“一边做一边念”的错误，有时候还会附带“翻旧账”和“无限上纲”，例如以下句型：

“回想我刚嫁给你的时候，你还会煮饭给我吃，现在除了泡面以外，没有看你下过厨，你知道我每天有多累吗？”(翻旧账！)

“叫你戒烟，讲了十几年，你就是不戒！你知不知道，抽烟患肺癌的概率有多高？你想让我变成寡妇吗？你想让两个孩子没有爸爸吗？”（标准的无限上纲，他抽烟或许不会立刻就死，但是你每天念，一定会先把他念死！）

正确的要求方式应该如何？首先，心理医生邓惠文在《非关命运》节目中，曾经提出：要做就不要念，要念就不要做。这个方法非常好！

要是老公乱扔衣服，你期望他去收好，不要一边收一边念：“你看，已经讲过多少次，把衣服扔到洗衣篮有那么困难吗？你又不是小孩儿！”

无论你要求男人做什么事情，都应该“面带微笑，提出要求”，然后在旁边等着，等到他去做为止，不断地提出要求，但是不带任何情绪地指责。

如果要他收拾乱扔的衣服，正确的方式是：站在他旁边，然后说：“老公，把你扔在地上的衣服收好。”他要是说：“哎呀，球赛战况很激烈，等一下！”你就要说：“等你到广告哦！”然后在广告时，再站在他面前说：“老公，收衣服啰！”他要是还想拖延，你还是要面带微笑，但是坚定地说：“我要你现在就把衣服收好。”**切记，不要被男人不耐烦的反应激怒，他们一定会不耐烦，但是我们要达到目的而不是掀起战争，所以不要动怒。**

要是他还是赖皮，就立刻挡住电视，继续微笑，但是坚定地说：“老公，收衣服吧！”等他不情愿地把衣服收好，给他鼓励和赞美：“好啦，我的好老公，把衣服收好，就可以专心看球赛，你做得很棒，我很感激你！”持续用这个方法训练他做每件事情，成效会让你感到惊讶!

《男女大不同》这本两性圣经已经指出：要让男人心甘情愿为你做事，“肯定鼓励赞美”比“批评指责威胁”的威力更大。

我的老公经常说，伴侣关系不是双赢就是双输，没有一个人高兴另一个人却哭泣的道理，所以很多时候不要把男人当作敌人，每件事情只想着占上风拼输赢。你应该想着，让他开心的同时，也让自己开心的两全其美之道。对我来说，因为念他我会很累，生气也会耗费能量，所以我会选择不必念他也不必生气的方法来达到目的。为此，我从一个没有女人味的傻大姐，变成一个有女人味的撒娇高手。我必须说，这样真的让我省下许多力气。

此外，经常听女性朋友抱怨，不知道要怎么跟男人沟通他才会听进去，往往男人做某件事情之前，我们已经猜到会发生问题，但是越不要他做，他却像个叛逆期的青少年，越是要去做那件我们不同意的事情。

我经常提醒女人，行为比言语更重要，**尤其是在两性关系中，女人是听觉的动物，男人是视觉的动物**，不然怎么会有许多女人被花言巧语迷惑，最后搞得人财两失?

但是，高明的话术对男人同样有用，否则就不会有很多教女人如何撒娇的书籍了。事实上，言语和行为，一个是倚天剑，一个是屠龙刀，一剑在手谁与争锋，双剑合璧天下无敌!

看看世间每天上演的剧情吧！嘴巴不饶人，私底下却为男人付出一切的女人，竟然吃尽闷亏；没有做什么事情，但是说话动听讨人喜欢的女人，却是占尽便宜。前者用言语和行为证明自己被男人吃得死死的，后者用言语和行为证明自己不必付出很多，男人还是爱她爱得要死。

我不是鼓励所有女人先去酒店学习女公关说话术，每个人都有自己的性格和特质，要是连根拔起就不是自己了。我的建议是“微调”，在你愿意的程度中努力做到尽善尽美！

在言语方面，可以运用的技巧是，**称赞和鼓励，永远不嫌多**，但不是要你瞎称赞乱鼓励，**看到对方的优点，并且加以称赞，才会有意义**，看到不对的地方，先鼓励再指正，也会比随便批评更好。做咨询时，我经常传授给大家“正负正沟通术”，在这里分享一下：

正负正沟通术：

把你真正希望对方改进的事情，夹在两段正面的叙述中，对方会比较可以接受。

范例：男友车品不好经常乱开车，害你心惊肉跳，你经常是直接开骂抱怨，但是没有什么效果。

正：“亲爱的，你知道我是路痴，所以很感谢你负责开车。每次约会都是你开车，我知道你很辛苦，找停车位的时候，更是让你感到烦恼。”

负：“但是上次看电影时，你一路飙车，我真的很害怕，要是发生意外值得吗？而且，你的车子也是最近才买的，你不是说车子是小老婆吗？小老婆要是破相，那有多可惜啊？”（女人有幽默感，真的是大加分！）

正：“我知道你开车技术很好，但是万一呢，而且路上神经病很多，我不是在生气，只是害怕有危险，我很担心你的安全，为了我，希望你以后开慢一点儿，可以吗？”

就像这样，是不是感觉很舒服？

“正负正沟通术”的妙用，不是只限于感情，也是人际交往中的润滑剂，请大家善用说话术，引导出自己想要的结果！

某些女人经常在约会时，让男友觉得很尴尬，这是不懂得察言观色和过度以自我为中心所引起的，太有主见就会变成难搞，没有意见又会变成随便，过与不及都不好，请大家要学习拿捏尺度。

在行为方面，希望大家做到“随和但是不随便”。简而言之，随和就是不难搞，不难搞的女人，通常都会很得体。得体是什么？就是言行举止恰到好处。例如，大家相约登山，你却穿短裙高跟鞋出现，并且要求男友陪伴你放弃登山，就会给别人留下既难搞又麻烦的印象。如果和男友与他的朋友去吃日本料理，却嫌东嫌西，说自己对海鲜过敏，又不敢吃生鱼片，这样就是难搞。

这时候，有些大小姐就会说：“可是我真的不喜欢爬山，也真的对海鲜过敏啊！”

我只能说，你不应该因为要黏着男友而坚持去爬山，又情感勒索逼他放弃，至于日本料理，你可以客气地说：“真的不好意思，我的体质很差，吃海鲜会全身发痒，但是我还是很开心可以陪你们吃饭。我会挑自己可以吃的食物，要是我没有吃饱，再叫他带我去吃夜宵！”

这样多开心！宾主尽欢，男友的朋友会觉得你懂事明理又开朗！

至于随便应该如何定义？男人版的定义非常简单，就是女人传达出“你不必花费很多力气就可以得到我，而且不必尊重我，因为我会自动奉上一切”的态度。

随和的女人仍然保有自己的原则，那些原则是：你不踩雷区就没有关系，你踩到我的雷区就等着瞧吧！随和的女人，非常容易相处，但是在男人犯错时，她也会明白指出，不会为了讨好男人而牺牲原则。她有自己的是非逻辑和道德标准，不会在男人要她陪着亡命天涯时，真的嫁鸡随鸡毫无主见（除非她早就想过冒险生活）。

而随便的女人，会在男人叫她半夜过去陪睡时，使命必达送货到府，除了催眠自己“他很需要我”以外，还会自己出出租车费或是旅馆费用。有些女人更是没有底线，男人隔天早上急着出门，跟她说：“你可不可以自己回去？”你猜怎么样？她竟然答应，出租车费还是自己出，这已经没有自尊到丧权辱国了！

但是，随和的女人可以接受跟男友约在他公司附近，因为“从我公司到他公司也不远，而且他公司附近餐厅比较多”，不会坚持“我不管，你要跟我约会，一定要到我公司或是我家接我，不然你就是不爱我，也是不尊重我”，后者就是难搞啊！

希望举出这些例子，大家可以比较了解随和与随便的差异。随和就像你去便利商店买东西，方便的好邻居，但是店家有没有说，全店免费任由你拿？你还是要付出金钱作为代价。随便就像是路边发放的免费面纸，没有人会认真看待，有的人随手拿了就丢弃，有的人用过几次就扔了，连上面的广告在说什么，也没有任何印象。

套用到感情上，女人如果让自己随便，就会在付出与获得上完全不成比例，而且还是一比九或是二比八的不成比例。这个世界上，只有极少数人会良心发现，不去得寸进尺。

但是很抱歉，人们的胃口是会被养大的，就像女人会等周年庆打折再花钱购物，如果知道何时可以逢低买进，谁还会笨到要原价购入？男人如果曾经不必花费心力，就可以从你身上占尽好处，就不会认为要给你最高待遇！

这就是人性，女人有的人性，男人也会有，所以很多问题我们自己就有解答，因为人性就在我们身上，问问自己：如果受到此等待遇会如何反应？或许你也会瞬间开窍啊！

卡关语录

◎ 当男人找外遇跟他爱不爱你和你够不够好，没有绝对关系。

◎ 男人在他曾经获得成功的模式上，具有无比的执着。

◎ 男人的天性是懒，以及怕麻烦。

◎ 毫无情绪地跟男人下达指令，让他知道这是应该做的事情，才是有效的做法，才可以得到我们想要的结果。

◎ 人生很奇妙，无论多痛苦的事情，如果养成习惯，就会渐渐不以为苦。

◎ 切记，不要被男人不耐烦的反应激怒，他们一定会不耐烦，但是我们要达到目的而不是掀起战争，所以不要动怒。

◎ 称赞和鼓励，永远不嫌多。

◎ 尤其是在两性关系中，女人是听觉的动物，男人是视觉的动物。

卡关20 为什么每次跟他沟通，他都不专心，是不是他不爱我？

梦洗说："你错了，男人的头脑构造和女人不同，请你讲重点，不要废话连篇。"

"卡关19"那篇，有提到跟男人沟通不要碎碎念。在这里，我更深入地向女人剖析，为何对男人说话的方式，要跟对女人说话的方式不同。

女人就是喜欢说话，这个应该是许多男人的心声。

其实，这是有科学根据的，研究显示：一天之中，女人可以毫不费力地说出三千多个字，男人只有一千多个字。详细数字我已经不记得了，但是三比一的差异，我还是记得很清楚，知道这一点以后，女人应该可以体谅男人为何不喜欢说话吧（我知道有例外，但现在是以大多数男人为准，那些特别碎嘴的男人，不在讨论范围以内）！

很多女人喜欢废话连篇地跟男友"吐露心声"，其实这是男人最害怕的，知名美剧《六人行》中有一集描述 Rachel 跟 Ross 打算复合，Rachel 就写一封"万言书"给 Ross，要他好好看过，同意里面的条件再考虑是否复合，但是Ross没有看几行就眼皮沉重昏昏欲睡，后来一觉醒来完蛋了，Rachel问他是否同意“万言书”中的条款，Ross“怕麻烦又怕被骂”（标准的男人反应）就回答“已经看过了”，他全部同意。两个人欢天喜地复合了……才怪！ Rachel随意问几句其中的条款，就发现Ross根本没有看完，Ross生气地说：“那么长篇大论，谁可以看得完？所以就不欢而散啦！”

《六人行》真的是很棒的美剧，其中对于男女两性的描写精辟又写实，这一段更是被我奉为理解男女不同思路的经典桥段。各位女性朋友，要是你曾经看过两性思维入门书《男女大不同》，你起码要有个认知：

大多数男人都无法忍受女人长篇大论情绪化又没有重点拖泥带水的叙述方式，以及男人需要你列出重点和下达指令。

当我们要跟男人沟通时，就算是沟通感性事项，也要理性陈述，而且男人会需要知道你今天跟他讲的话是“纯属闲聊请你倾听”还是“需要他帮助解决问题”，否则一般而言，男人是目标导向，会自动去搜寻我们谈话内容中的问题，而不是带着同理心听我们抱怨，因此当你跟男人沟通时，自己要先搞清楚是要闲聊吐苦水，还是真的希望他提供建议。

例如，如果你今天工作不开心，单纯只是想抱怨跟希望解决问题，男人接收到的指令和他会给你的反应截然不同。

如果你只是想抱怨：

你：“宝贝，可以给我十分钟，让我发公司的牢骚吗？我只希望你听我吐苦水，安慰我或是倾听，不需要给我建议，或是帮我解决问题，可以吗？”

男人接受这个指令，就知道他不需要解决问题，也很清楚他应该做什么。如果你希望有肢体接触，可以跟他说：“我讲完以后，希望你可以抱抱我，我就会好多了。”

如果你希望解决问题：

你：“宝贝，我真的很困扰，新来的主管总是找我麻烦，因为他是男人，我希望跟你谈论他的事情，请你站在男人的角度，给我一些建议，看看是我真的做得不对，还是我的主管有问题，可以吗？”

男人接受这个指令，就知道你是想解决问题，并且要他提供建议。但是女人要注意，当男人切换到“解决问题模式”的时候，只看问题不问亲疏，所以不一定他爱你就会挺你，要是真的是你不对，切换到这个模式的男人，也会老实告诉你哪里做错了。

至于下达指令，很多女人更是有很大的误解。我经常觉得，女人的公主病程度，跟她希望男人“心甘情愿”的程度成正比，公主病越严重的女人，越是希望男人可以“发自内心自动自发”做我们暗示或是放在心里的事情。我要告诉你，绝对不可能！就算是受过专业训练的牛郎，也不可能准确猜出女人希望他做的每件事情！

所以对男人来说，其实只有两个标准，大家听好，这是经过我的两个弟弟认可的：

“无论他看起来多无奈，好像是被逼的，好像不太情愿……但是只要他最后还是去做，他就算是心甘情愿，只有程度上的差别。例如，你没有逼他亲热，他也很愿意做；倒垃圾洗碗整理家务，可能会比较不情愿；要他掏钱出来带你去度假，可能更不情愿，但是只要他最后还是去做，对男人来说，就是心甘情愿。”

“如果他不爱你，或是对你没有感觉，或是从你身上，他得不到任何好处，男人连指头都不会想为你动。你试想看看，他身边可能不止你一个对象，但是他身边也不是每个对象他都会有兴趣发展，所以当他还会为你做事，就算很少也代表有用心。男人真的对女人没有兴趣或是感到厌烦时，他会失踪和逃避，用尽一切手段，避免跟你接触。”

可是以上这两段说法，为了避免被公主病患者拿来无限上纲，我必须说，做人要有限度，任何事情都不应该 over，很多黑洞型人格在关系中，就喜欢搞得寸进尺的把戏。

举个例子，我有个天蝎座的女客户，男友的条件很好，又高又帅，工作能力也很强，但还是甩掉前女友跟我的客户在一起了，所以从交往以来，女生一直很没有安全感，也陆续烦男生配合许多事情。例如，每天都要打电话，去和任何朋友聚会都要带她，把通信册的女性朋友都删除，把脸书的女性朋友都封锁，更不能跟前女友有任何联络……她的男友因为爱她，也是全部照办！

但是她不知足，继续烦继续闹，有女同事打电话给男友，就怀疑女同事暗恋他，男友也带她去参加员工旅游，却还是因为男友跟女同事有说有笑就摆臭脸给他看，知道男友曾经顺路载女同事回家，更是跟男友吵到天翻地覆，并且不准他睡觉，除非他“解释清楚”，还有更糟糕的是，她仗着男友父母喜欢自己，只要跟男友有问题，就打电话给男友父母告状，害男友被父母骂。凡此种种，终于让男友对她的爱逐渐消磨殆尽。

所以，我经常跟大家说，长相好比不上个性好，要是你貌美身材辣，最多是吸引男人买入场券，看看这出戏好不好看，但是会让男人留下来的永远都是好的个性。

每个男人的爱意表现、付出程度和付出的东西也会有微妙的差异，有的付出时间精力，有的付出金钱物质，仔细观察这个男人的能力，以及他认为的诚意是什么。

简而言之，女人希望男人给什么东西，以及如何配合，直接下达命令最快，但是婚姻大事请你不要以为下达指令就会有用，比较复杂的事情，一定要考虑天时地利人和，执行成功率才会提高。

但是一些小事。例如，希望他经常打电话，每个星期约会几次，情人节生日记得送礼，都是可以直接下达指令来要求的，男人要是不想做或是做不到，也会讨价还价。这个时候，请你不要抓狂，也不要情绪化地哭诉“要是你爱我，就应该做得到”“我就知道你不在乎我”这些废话，请理性冷静态度坚定地跟他强调“这件事情避无可避”就可以，因为男人处理感情的脑容量有限（你可以想象成，整个硬盘，男人只切割五分之一去处理感情），如果一次给太多信息，男人就会死机，就会信息超载，他们的脑袋构造和我们女人是不同的！

所以，跟男人相处时，最好“一次做一件事情，一次要求一项”。举一个训练小狗的例子（男性同胞抱歉，女人是猫，这样有平衡吗？）：请你先训练“坐下”，再训练“握手”，再训练“定点大小便”，不要许多项一起训练，否则结果就是小狗一气一急，干脆抓狂全部不学！

错误的方式：

你：“宝贝，你不觉得我们很久没有出去吃饭吗？你不会想我吗？你真的有那么忙吗？我很想见到你，或许我们可以找时间吃饭看电影。还有，我有东西要拿给我妈，你有空的时候，送我去爸妈家好吗？还有，你知道 ××× 吗？她生小孩儿了，我们是不是应该找时间去拜访？”（废话连篇，没有重点，听到就烦！）

跟男人约时间时，最好不要讲“有空时”“方便时”这类模棱两可的话，我跟你保证，除非他还在追求期和热恋期，对你兴致高昂，否则你等到花都谢了，他还是很有可能“我没有空”“不方便”。

正确地下达指令：

要注意，跟男人交代事情时，人、事、时、地、物最好尽量清楚明确。

你：“宝贝，这个星期找时间吃饭，吃完饭看电影，然后你顺便送我去爸妈家拿东西好吗？你想约星期六还是星期日，我都可以。”

这里的关键是，你要定出 A 和 B 两个选项让他选择，其中不存在“不用做”的选项，只有“星期六”或“星期日”的选项时，他只能够二选一，但两个选项都是你可以接受的，跟男人要求就要像这样，才会让你满意。

我有个聪明的朋友，是这么跟男友要生日礼物的。她没有笨到跟男人说：“我的生日快到了，我很希望你送我礼物，但是如果你觉得很勉强，也没有关系啦……”你要是这么说，迟钝的男人就会真的以为你很贴心地为他设想，生日礼物和晚餐都免啦！

我的朋友是这样说的：“宝贝，我的生日快到了，你要送我Tiffany的项链还是LV的手提包？给你选……”所以，她绝对会得到生日礼物，而且不管是哪一样，都是她喜欢的，聪明的女人就会这么做。

当然，你在要求时，也要衡量男人的情况，如果他刚退伍，每个月薪水很少，可是你过生日就狮子大开口要他买车子给你，显然是很过分。我已经讲过很多遍，要做一个有分寸、懂得将心比心的女人，但是也不能让男人完全不付出，因为这是人性，只要没有付出，就不会懂得珍惜，男人和女人都相同。

回到刚才的例子，如果他说这个星期公司很忙，星期六和星期日都要加班，应该怎么办？

别放弃，聪明的女人要退而求其次，当然还是不可以抓狂。

你：“星期六和星期日都要加班哦！我们平日约时间吃中饭吧，星期六和星期日你加完班以后，如果不累，或许我们还可以看电影，但是如果你很累就算啦！先这样安排吧！你吃饭要选下个星期三、四、五哪天？”

总之，尽可能在谈话中跟他确定时间，如果他始终都回答不确定不知道再看看，他就是不重视你。因为这么说吧，他敢跟客户或老板说“我不知道明天会不会去上班，也不确定我会不会把工作做好，订单能不能准时交货也要再看看”吗？

对于事业，他是如此重视时，怎么会在那边推托并且借口理由一堆呢？**如果你始终无法跟男人要到你应得的待遇，很确定的是，不是他不重视感情，就是他不重视你。**

如果你顺利地要到时间吃饭、看电影、送你去爸妈家，记得先感激他的付出，告诉他有他真的很好，再继续要求其他事情。例如，朋友生小孩儿要去探望，记得一次不要超过三件事情，如果超过三件事情，根据我弟弟说的，男人的头脑就会烧坏啊！

卡关21 男友很少主动打电话给我，他是不是不在乎我？

梦洗说："你错了，有的男人比较喜欢电话传情，有的男人比较喜欢见面相处。"

男人不打电话，应该怎么办？

这是博客网友的问题，也应该是许多女性心里的疑问吧？

虽然这实在是一个爱情初级班的问题，但是既然那么多女人为此深深困扰，就让我帮助大家了解男人这种生物的基础状态，以建立正确的认知及深植心中的信念吧！

网友疑问：

老师你好，看完文章，真的深深打中我的心，我跟金牛男在一起一个月，因为他非常被动，所以我比较主动。

记得我们在一起以前，他每天会发很多信息向我报备行程，让我不必担心他，但是当我主动牵起他的手，向他确认我们是不是男女朋友的关系以后，他本来就不喜欢打电话，总是传信息比较多，确定在一起以后，竟然连信息都省了。

梦洗回复：

这个部分可以跟大家提醒，要男人追到手以后继续主动，是非常难能可贵的事情，几乎就像中彩票一样稀有。

这就是属于我不想回复的初级班问题，因为——事情“本来就是这样啊”。

对男人来说，还没有追到手的女人就像还没有破关的电子游戏，或是还没有应征到的职缺，为了获得这份工作，难道他要跟面试官说：“我先跟你说，我在三个月试用期会表现优良，但是过了试用期，我就会开始打混摸鱼。”面试官（女人）会用他怪！

他一定会说：“我会每天上班不迟到（每天打电话），我会冲高业绩（对你温柔体贴），我会帮公司创造利润（花时间陪你），请你雇用我，我会是一个好员工！”

但是，男人这样做不是说谎，因为我们女人还不是这样？难道我们跟男人交往以后，不会开始嫌他肚子大又邋遢？不会开始懒惰不打扮？不会开始把伺候他的规格降低？

一定会啊！交往越久，越“老夫老妻”，这是正常现象，但是要注意，在老夫老妻生活中，别让自己变成黄脸婆，别让他太理所当然，热恋期本来就不是常态，就像员工在考核以前特别认真，昙花一现啊！

你若是把热恋期当作常态经营，只会把自己搞得患得患失，把你的男人搞得很累。

见面的时候，可以感觉到两个人很甜蜜，他送我回家时，会等看不到我的背影以后，车子才会开走，也会主动帮我开车门，以及拿手提包。

虽然他不讲甜言蜜语，但是见面的时候，我可以确定两个人之间的甜蜜感觉，可是见完面以后，他很少打电话给我或是传信息，让我有种自己一厢情愿的感受，但是当我故意不找他时，过两天以后，他又会主动打电话，这样的拉扯让我很难受，想要放弃的时候，偏偏他又会打来。

梦洗回复：

我只能说，只有你在拉扯，大小姐！你这个公主病加妄想症的患者！我敢跟你赌，你的那个他一定觉得你们的情况“好得不得了”，觉得“你们很幸福”。

拉扯！这段话的叙述，完全是女人才会有的心态，虽然我也是女人，但是自从我丢弃这些自寻烦恼的心态以后，我的日子过得很轻松。

最近我弟弟跟我讲，男人大多数都是感情上的笨蛋，就连作家三岛由纪夫也说过：“在爱情这件事情上，女人都是专家，男人都是外行。”

所以，跟笨蛋相处时，你最好让自己也变成笨蛋。

为了怕男人误会我在贬低他们，我再说得更清楚些，如果你是大学生教小学生微积分，你不觉得要尽量浅显易懂地让他先掌握基本数理概念，再循序渐进学会高等数学吗？

女人在感情上想得之多之远之复杂，就像大学生一样；男人在感情上想得之简单之明快之直接，就像小学生一样。

所以，变成笨蛋的意思是，对于感情的事情，你最好什么都不要想，但是很难对吧？因为你是女人啊！

然后，你真的有些欠揍，我觉得你的金牛男表现得很好，你再要求下去，只是证明你的公主病没有救。他要到达“见不到你会窒息而死”的程度吗？要每天花一个小时跟你剖白心迹，跟你诉说遇见你是他人生中最美好的奇遇，他不能一天没有你，不能一个小时没有听到你的声音吗？要说你把他从黑暗孤独的世界中拯救出来吗？

你是不是《暮光之城》看太多啦？

好啦，我知道，你的意思是说，要是他真的爱你，就会经常打电话吧？

大错特错！

我不懂，两个人如果互相喜欢，一天打一通电话或是传信息，很困难吗？

记得刚在一起时，我问他现在很喜欢我吗？他告诉我“慢慢增加”，当时我很受伤，但是过两个星期又问他时，他说了一个很喜欢，因为我讲三次很喜欢很喜欢很喜欢我吗？

当时我很开心，但是后来他又搞失踪，我告诉自己不要主动联络他，只是这两天我觉得很辛苦，每过几分钟就看一次手机。

梦洸回复：

根据我自己交往过的男友，以及上千位客户和我的闺蜜们提供的经验，男人爱不爱你跟打电话勤不勤“完全没有必然关系”。

这是很简单的。例如，有的男人喜欢运动，有的不喜欢；有的男人喜欢看电影，有的不喜欢。

所以，有的男人喜欢讲电话传信息，有的不喜欢。

就是这么简单，简单到女人的复杂头脑难以想象，但是真相就是这么简单。

我知道你又要说（老师向来料事如神）：“他又不是做不到，他追求我的时候，就是每天打很多电话啊！”

在选举期间，哪个候选人会说自己贪赃枉法喜欢贪污？一定先造桥铺路嘉惠选民啊！很多事情，只有“冲业绩”的时候，才会出现。这类事情，要是等到选上他没有持续做，就表示他完全不喜欢做那件事情，只是为了获得选票和赢得芳心，勉强自己去配合。我们女人也会这样，不擅长做饭还要秀厨艺，看不懂球赛也要配合欢呼。男人也是这样，他不喜欢陪你逛街，追到手以后，就会越来越不愿意逛街。

要是他本来就喜欢做那件事情，无论是交往以前还是交往以后，他还是会喜欢做，要是交往以后，他就少做甚至不做，就表示他根本不喜欢做那件事情。(但是，跟爱不爱你完全无关，知道吗？)

我有一个双子前任，就是非常喜欢讲电话，他喜欢讲电话的程度已经达到随时打电话给他几乎都在通话中，他就算现在跟我只是朋友，也会偶尔打电话问我在干吗，或是聊一些新鲜事情，难道是因为他很爱我吗？或许他觉得我是聊得来的朋友，但是最重要的是——他就是喜欢讲电话。

另一个狮子前任则是“只传信息不打电话”，这跟他的工作有关，因为他是业务员，线路要保持畅通让客户打进来，要是他很喜欢讲电话，就会跟双子前任一样，干脆办两个号码，一个公用一个私用，喜欢怎么聊就怎么聊。这个狮子男不喜欢讲电话到了匪夷所思的地步，他甚至会传信息叫我开MSN跟他聊天，也不愿意跟我在电话里讲，当然这样很可疑，但是我经常说，男人想要搞鬼，怎样都可以搞鬼，我不想花费心思去调查，当我开始调查男人行踪时，就距离我甩掉他不远了，因为我不喜欢自己变成这种神经病状态。

然后，你问他是不是“很喜欢很喜欢很喜欢我”，我只能说“年轻（幼稚）真好”。

就算他说没有你他会死，但是事实上，没有你他会不会死？不会啊，还活得很好！他就算对你一见钟情，还说你是“天上掉下来的礼物”，又怎么样？天上掉下来礼物的当事人已经反目成仇，可见爱情是天下最不可靠的东西。我经常跟大家说“言语不可信”。只有行为，只有他付出的时间和心力才是最实在的。如果你撒娇问他：“你爱不爱我？说嘛！”这样很可爱，我也会跟老公肉麻当有趣，但如果你把他的甜言蜜语当作“爱你的证明”，你就没有救啦，因为言语完全不能证明任何事物。

你说他搞失踪？（呜呜……老师又昏倒）我希望你不满三十岁，那么如此幼稚的脑内思维，还勉强说得过去。

我有一个天秤前任，最高纪录是两个月完全没消没息，这样才是搞失踪，而且这个天秤男完全不觉得自己失踪，因为他说：“你打电话给我，我也会接啊！”（问题是，我没有什么话想跟他说）以及“我都在线，有事情可以留言给我啊！”（问题是，我想要见面，不想用 MSN 联系）。

从他的身上，我已经理解到，男人计算时间的概念跟女人不一样，我们是“度日如年”，他们是“度年如日”。我在两个月以后跟天秤男说：“宝贝，我们已经两个月没有见面了。”他竟然很惊讶地当着我的面（是的，我跟他终于见面了）说：“有那么久吗？不是上个星期才见过面吗？”那个时候，我真的想掀桌子骂脏话啊！

请大家记住，一般正常的男人，不会像女人在那边看着手机（就是讲你这个小公主），计算时光飞逝而女友怎么没有打电话来情话绵绵。男人天生不在意细节，而且他们一次只能专心做一件事情。简单地说，他们没有女人那么“多任务处理”，要是专心工作，就不会想其他事情；要是专心放空，也不会想其他事情。只有女人有“一个屏幕三个窗口”的功能，男人是转到哪一台，只播哪一台，要等这个节目结束，才会播下一个。

我们在一起满一个月时，发生亲密关系，记得第一次差点发生时，我又问他，现在是一点点喜欢还是很喜欢？

他回答“慢慢增加”，所以我拒绝了，我告诉他可以等到你很喜欢我吗？他说可以，所以这次发生时，我是因为相信他很喜欢我才愿意。

可是那次之后，他还是没有主动打电话给我，信息也是越来越少，让我很没有安全感，心里想着，会不会是有其他女人？这样乱想，让我很想看他的手机，唉，男人怎么如此让人难以捉摸？

梦洗回复：

哇……我敢说，这个男人要是知道你的内心戏这么多，一定会觉得你是他在地球上碰到过的仅次于尼斯湖水怪的难以理解的生物！

他哪里难捉摸？你一定连最基本的教科书《男女大不同》都没有看，就上来发问吧？男人没有那么难理解，但是对于男人的某些天性，你不能试图改变，因为男人就是这样，请把他想成跟阳光和空气一样自然。

他只要是男人，就会有男人的共通天性，除非你去跟女同志交往，否则只要你喜欢异性恋男人，劝你最好赶快了解男人这种生物的基础状态。（不要再问我，老师，什么是男人的基础状态？把这本书读通，你就会了解啊！）

关于你的没有安全感以及胡思乱想，我只能说，当年我跟一个前任男（我知道，这篇文章已经出现四个前男友。哎哟，谁没有过去啊！）发生关系以后，也是很笨地问他："我们现在是什么关系？"他回答："发展中的关系。"

那个时候，我跟你一样失望，也气得快要吐血，但这是将近十年前的事情，现在我的头脑很清醒，更了解男人这种生物。现在的我，根本不会问这种蠢问题，而且我觉得他回答“发展中的关系”非常中肯，不是吗？

前任要是说“以结婚为前提的关系”的确我会很开心，可是他不是花言巧语的人。某些男人本来就要花费很长时间去观察，然后慢慢放入感情。我也遇过在追求阶段就说交往一年以后结婚的男人，但是他追我三个月没有追到，立刻就去追别人。

我绝对不是说，所有人都是这样，但是男人刚开始掏心掏肺，不一定会认真持续，小心慢热不代表就是虚情假意啊！

所以，真的不要再自寻烦恼，多看文章练功吧，你的等级非常嫩，就像婴儿的屁股一样，等你到达助教的境界，回头看看现在的自己，绝对会像我一样，有“年轻真好”的感叹。

最后，分享女人常见的无病呻吟问题：

“你是不是不在乎我？”

“我很担心你爱上别人。”

“我很害怕你离开我。”

“你爱不爱我？”

“你想不想我？”

“你为什么不打电话给我？”

“你不做这个，也不做那个，××× 的男友都会做！”

“你很久没有跟我……”

以上的问题，都是男人听到就会反胃的，我听到也会觉得欠扁的，要是你永远停留在“让男人决定你的心情”的怨妇阶段，你就很难脱离偶像剧的框架，选择真正适合自己的人生伴侣。

所以，总结一句：男人不打电话，应该怎么办？

我只能说，不怎么办。

你干吗一定要他打电话？

这样有什么意义？这样可以证明什么？这样可以代表什么？

要是你只是想跟他说话，自己拿起手机拨过去，记得客气地问：“抱歉，现在你方便讲电话吗？”因为这是电话礼仪，要是他正在与便秘奋战呢？要是他正在对老板汇报工作呢？

他要是可以跟你说话，就跟他聊开心的事情，不要无病呻吟，谁喜欢每天听这些叽叽歪歪？

要是你坚持要他打电话给你，也很简单，就传个信息：想你，晚上九点到十点，打电话给我。如果他不是故意耍赖，就会打电话给你，时间设定必须有弹性，不要强人所难。

如果他在约定的时间没有打电话给你，你也可以打电话给他，回到步骤一：抱歉，现在你方便讲电话吗？不要急着生气，问他为何没有打电话给你，也许他真的有苦衷，忙到忘记，开会延迟，被老板修理。我们是女友而不是狱卒，要给男人弹性，因为他不是囚犯。

要是你的公主病非常严重，就是要他必须主动想起你，主动打电话，主动报备行踪。既然你是公主，就发月薪给他，让这些事情成为工作内容。**男人对于可以领到钱的事情，都会当作工作来看待**，男人对于工作会比感情更在意，这样一来，真是皆大欢喜，他有薪水可以领，你有电话可以接。

最后一招是比较麻烦的“调教法”，我不想使用，因为我不是固定宫，没有持续性和耐久力，但是做得到的朋友可以试试看。养成他固定某个时间跟你讲电话的习惯，刚开始的时候，你固定某个时间打电话给他，然后请他回拨，要是他问为何要他回拨，你就撒娇说：“哎哟，我喜欢你打电话给我，这样比较甜蜜啊！”他如果不是小气鬼就会回拨，然后你大概控制每天固定十分钟或是半个小时通话时间，不要太久，男人通常受不了讲那么久电话。

这个规律因人而异，看你要一三五、二四六，还是固定中午或是晚上，要让它成为习惯，因为男人天生有不问理由服从命令的本能，这就是为何男人适合从军，只要某件例行公事放进生理时钟，男人就会规律地执行。

你如果可以持续做一个月，他就会养成习惯，在固定的时间知道有“跟你讲电话”这件事情，第二个月你不主动打电话，他在固定时间也会打电话给你，因为他已经被习惯制约，你只要不打破这个习惯就可以啦！

看起来很简单，做起来却需要意志力。虽然这个方法很有用，但是我不会经常使用，因为我喜欢随性。当你试图控制别人时，也会被这件事情所控制，任何事情都是一体两面，有爱情就会丧失自由，有自由又会感觉空虚，世间的事情都是有好有坏，看你从哪个角度去思考。

卡关22　男人对我们说谎，都是心里有鬼，不然就是已经准备好要变心劈腿吧？

梦洗说：“你错了，男人说谎多半只是因为怕麻烦，请听真正的男子汉说法。”（注：本文写于还没有认识我老公之前。）

我从事咨询工作以来，几乎每个客户都有的疑问就是，男人为何不说实话？

我想，这是每个女人都有的疑问，我也不例外，初恋和第二段感情，我都对当时的男友说过一段笨得要死的“前提”：

“如果你有一天喜欢别人，你可以告诉我，我会干脆放手的。”

事实是，他们的确都喜欢别人，或是没有喜欢但是跟别人睡，但是不跟我说实话，让我自己去发现，或是被蒙在鼓里一阵子。

后来我就知道，不管女人说多少前提，表现得多么大方，男人还是会说谎，因为他们不信任女人，总是觉得，你现在是这样说，到时候知道真相，不把我剥一层皮才怪。

虽然男人在变心偷吃劈腿上不说实话是多数女人遇到男人说谎时最令人发指的真相，其实就算是守身如玉的柳下惠式的男人，还是会在许多芝麻绿豆小事上说一些他们认为无伤大雅的小谎，这一切都源于一个全世界所有男人（甚至连同性恋也不例外）都具备的心理——怕麻烦。

各位姐妹，最好把“男人怕麻烦”当作是自然生态，就像日出日落一样理所当然，不要逆天而行而是顺应自然，日子就会更好过。

男人怕麻烦为何跟说谎有关系？你要是身边有几个蓝颜知己，是完全对你没有性幻想的纯朋友，或是你像我一样，很幸运有可以无话不谈的亲兄弟，建议你单刀直入问他，男人是不是很怕麻烦？我敢说，无论他是直接型还是迂回型，绕到最后他都会说：“对，我们男人为了避免麻烦，会尽一切可能的努力。”

以我们女人经常质疑的忠诚度议题来说，我弟弟以开导广大女性同胞的良知，回答几个我假设的经典问题，但是我弟弟的忠诚度很足够，因为他很怕麻烦，为了不要增添更多麻烦（女人越多，麻烦越多），他宁愿一辈子选一个女人就好。

以下对话，原文照登：

我：“为何男人已经喜欢别人，却不跟自己的女朋友或老婆说？”

弟弟：“为何要说？喜欢跟爱不同，更何况还没有发生关系，要我说什么？说我喜欢一个有可能被我上的女人，但是没有发生关系之前，还是希望你继续做我的女朋友吗？一想就知道你们女人会开始闹情绪，谁会笨到给自己惹这种麻烦？”

我：“……如果真的发生关系了呢？会说吗？”

弟弟:“发生关系也要看情况，这个时候才是比输赢的时候，哪个女人在主客观因素上，最可以符合各方面需求，或是哪个比较难搞，男人的野性本能会开始推算，这个部分很难用言语让你了解，要是有复数对象时，很多选项会决定我们要不要说，要透露多少，最好的状态是一起瞒，可以瞒多久算多久。”

我:“这样瞒，你们男人不累哦？我听了都觉得累。”

弟弟:“你假想一个场景，我要是跟女友很坦白地说，我最近喜欢一个女人，她会有什么反应？一定是一连串‘为什么的攻击’。为什么会喜欢她？她是谁？她哪里比我好？你们发展到哪里？我哪里不好让你变心……天啊，这些为什么只是想就烦了，还要让它们在真实人生中发生吗？”

我:“好像真的是这样，每个女人应该都会问，不管是冷静地问，还是歇斯底里地问，女人就是喜欢问。”

弟弟:“对吧？然后更恐怖的是，你回答一个问题，一定会带出更多为什么。例如，我回答女友，我跟她是公司同事，我女友是不是就会说，我后来调部门，是为了这个女人吗？我之前经常加班，是为了跟她相处吗？我公司聚会不带她参加，是因为不想让她发现吗？那张同事的合照里，哪一个是她？就像这样，原本你以为说实话，可能回答十个问题就可以搞定，但是最后一定会发现，十个问题扩散成一百个，一百个又扩散成两百个，没完没了。”

我:“听起来真的很麻烦，难道不能只是说没有感觉吗？”

弟弟:“你们女人可以接受才怪，回答什么都一样，都会带出更多为什么，我要是跟女友说不爱她想分手，她一定会立刻说，为什么你不爱我？我哪里没有做好吗？如果我回答，她没有哪里不好，只是感觉淡了，她又会说为何感觉会淡？不能努力找回感觉吗？我要是真的说出她的各种缺点，更麻烦，女王型的会开始反驳，她这样做是有原因的，不可以怪她，我不应该把责任推在她身上；小媳妇型的会立刻说，她这个会改那个会改，要我给她时间让她改……这样一搞，到后来又无法分手，怎么如此麻烦啊！”

我：“我大概知道了，真的会这样，反正就是分手之际，男人不管给出什么理由，女人都会咬着理由胡搅蛮缠？就是这样让男人觉得很麻烦？”

弟弟：“对啊，真的是麻烦啊！女人喜欢问东问西，有时候跟朋友约好打电子游戏怕被女友念，也会说谎是在公司加班，只是不想被打扰，其实真的是打电子游戏，也没有干吗。如果在线游戏正在打游戏时，女朋友来捣乱，也会暂时不理她，但是不表示我们是在偷吃或泡妞，反正我们男人觉得解释起来很麻烦时，宁愿用一个小谎言把场面应付过去。”

我：“但是，事后女朋友还是会问啊！为了不必要的事情说谎，不是反而让女友觉得更可疑吗？”

弟弟：“老姐，你要知道，男人经常有很多时候是在紧要关头，没有闲工夫跟女人废话的。谁管你那么多，当下先应付掉，以后的麻烦以后再来处理，而且男人通常会有侥幸心态，就是希望女友忘记，或是不再提起，我们就赚到啊，不必废话跟省下麻烦。”

我：“可是，也有男人偷吃或变心会老实说，那些男人是脑袋坏掉了吗？”

弟弟：“那种男人之中，只有极少数是纯情男，真的觉得良心不安要老实说，也做好被女人闹的心理准备，但是大多数其实都是被逼的，通常是新欢逼他去摊牌，当新欢逼男人摊牌时，因为不摊牌的下场远胜于摊牌的麻烦度，男人才会摊牌。如果第三者很乖好打发，为何要摊牌？其实会让男人摊牌，一定也是心里比较过，哪个比较不麻烦。一个头脑正常的男人，在感情上的选择，一定会倾向于不麻烦的选项。”

我：“有些第三者比原配更强势，才会逼男人去跟原配摊牌。我又搞不懂，要是原配比较温顺，麻烦的不是第三者吗？”

弟弟：“你真的不了解男人心理，会闹的一定要先哄，因为不哄真的不知道她会做出多可怕的事情，但是乖的可以先说明让她谅解，或是拖一阵子看情况，等到时机成熟再追回来，男人会因为避免麻烦而说谎，但是当麻烦迎面而来时，还是要解决，不然麻烦会越来越大。所以，首先是避免麻烦发生，如果无法避免时，就去解决最大的麻烦，然后再解决次大的麻烦。当然，也有一种更烂的方法，就是全部不管，逃避搞失踪，让两个女人自己去解决。”

我：“后面这种男人真的很烂，但是我有很多客户都是遇到这种男人。”

弟弟：“所以你觉不觉得，愿意出来解决的男人，都算是有担当有诚意的了，或许解决得不尽如人意，但是以男人如此怕麻烦的天性，会出来面对问题被责难，或是被轰得满头包，或是花费时间回复所有疑问，其实都算是愿意做灾后重建了。”

我：“难道你这样是建议，女人应该强势地捍卫爱情吗？可是强势的女人不是很麻烦吗？”

弟弟：“你说到重点啦！强势的女人，除非真的是很阴柔的男人刚好般配，否则忍得了一时，忍不了一世。你看，英王亨利八世第二任老婆是不是后来被砍头了？就是太过强势的下场！强势的女人比较会闹，而且有的闹下去会危及男人的事业和形象，所以一定要先哄。但是，男人也是在等时机成熟，我们不是国王，不可能把女人砍头，但是等待时机慢慢布局把她休掉还是可以的，这种女人要是后来变乖，也可能会越来越忍气吞声，甚至接受男人花心。”

我：“呜呜，这样听起来，怎么都跟爱情无关啊？男人没有真爱吗？不能基于真爱，忍受一些麻烦吗？”

弟弟：“阿姐，你傻啦？基本上，我们愿意追求、愿意接送、愿意付出时间精力关怀，就是代表对你们的爱。男人本来就不是设计来谈恋爱的。我们为了解开一个方程式，为了并吞某个企业，为了在竞赛中胜出，为了在游戏中打败魔王，可以废寝忘食，完全不会觉得麻烦，可是我们不是被设计来经营关系谈情说爱的。对男人而言，那是一个陌生的领域，我们只能依照先人的成功模式和先烈的惨痛教训去走，很多本能是刻画在DNA里，怕麻烦就是。”

我：“我知道男人怕麻烦，但是难道只能瞒着或置之不理，然后等着爆发吗？没有一个让大家心服口服的方法吗？”

弟弟："那个先决条件是：你们女人不能钻牛角尖无限上纲。要理性，要知道爱情可能会消失，要认同人心会改变，何况不是只发生在男人身上，你自己扪心自问，是不是也曾经变心，却以其他理由跟男友分手？"

我："呵呵，当然有，你又不是不知道，我的爱情哲学就是'鸡蛋绝对不可以放在同一个篮子里'，但是我现在很乖。我们女人也会怕被没有感觉的对象死缠烂打，我也被甩掉的男人问过很多为什么，那种感觉真的很烦。"

弟弟："所以，男人跟女人可能只是差在，男人无论爱不爱女人，都会觉得跟感情有关的事情很麻烦，女人则是遇到真正爱的男人，就会很有耐心不怕麻烦，一旦不爱了，才会开始觉得很麻烦。"

我："可是，我每次谈恋爱也烦，不谈恋爱也烦。"

弟弟："阿姐，你是一个集麻烦之大成于一身的女人，所以你知道我为何不交女朋友吧？我以后娶老婆，一定要找思想单纯不麻烦的女人。我身为男人，所有的耐性在你身上，已经用得差不多啦！"

我："呜呜，别这么说嘛，我亲爱的阿弟，如果没有你，我怎么度过这么多次情伤？你不能抛弃我啊！"

弟弟："知道啦，反正十几年以来，我不习惯也麻木了，只希望你未来老公可以帮我分担，唉，这个可以指望吗？"

我："你别这样啦，我会找个可以帮你分担的老公，不然我也不敢嫁他啊！我又不会乱发脾气，我只是经常有很多问题，想要去探究真相。"

弟弟："你这个好奇宝宝，有什么好探究的？人生就是活在里面去体会，不必探究啦！"

我："大师开示得是，我会努力让自己白痴化！"

弟弟："我看很难，反正我已经做好心理准备，要被你烦一辈子，我觉得你老公扛不了。"

我："别这么说嘛，他就算明天就出现，也抵不过你被我折磨十几年的功力啊，除非他被其他女人锻炼过，我希望他绝对要被比我更麻烦的锻炼过！"

弟弟："你还是让自己变得不麻烦，才是解决之道。"

我："有啊，所以你有没有发现，我后来不跟男友抱怨他们的问题了，只跟你或是老妈抱怨，这样我男友就会觉得我不麻烦。"

弟弟："哇！听起来够本末倒置的。算了，你开心就好，我要去上网，不理你啦！"

我："对不起，阿姐总是麻烦你，我会努力进步的！"

以上，就是我和弟弟的对话，当然个别男人也有例外，不过多数均会如此。而我的弟弟智商更是高达一七八，他经常可以给我更高次元的智慧解答。

最后，希望通过本书的分享，可以让女人学会男人这台高效能机器的"操作方式"，而不是不会用还抱怨机器坏掉了！

卡关语录

◎ 男人的头脑构造和女人不同，请你讲重点，不要废话连篇。

◎ 大多数男人都无法忍受女人长篇大论情绪化又没有重点拖泥带水的叙述方式，以及男人需要你列出重点和下达指令。

◎ 如果你始终无法跟男人要到你应得的待遇，很确定的是，不是他不重视感情，就是他不重视你。

◎ 男人对于可以领到钱的事情，都会当作工作来看待。

◎ 男人无论爱不爱女人，都会觉得跟感情有关的事情很麻烦。